Ernst P. Billeter

Grundlagen der Elementarstatistik

Grundlagen der Elementarstatistik

Beschreibende Verfahren

Ernst P. Billeter

Springer-Verlag
Wien GmbH 1970

Dr. Ernst P. Billeter
Ordentlicher Professor für Statistik, Operations Research
und Automation an der Universität Freiburg/Schweiz
Direktor des Instituts für Automation und Operations Research
an der Universität Freiburg/Schweiz

Mit 21 Abbildungen und 12 Diagrammen

ISBN 978-3-662-23619-2   ISBN 978-3-662-25698-5 (eBook)
DOI 10.1007/978-3-662-25698-5

Library of Congress Catalog Card Number 73-116628

Titel-Nr. 9268

Vorwort

Dieses Buch ist als Einführung in die Statistik gedacht.

Die dargelegten Methoden und Gedankengänge sind aus den Statistikvorlesungen für Volks- und Betriebswirtschafter hervorgegangen, die ich seit rund einem Jahrzehnt an der Universität in Freiburg/Schweiz gehalten habe. Das Buch richtet sich deshalb vor allem an Volks- und Betriebswirtschafter. Mit Rücksicht auf diesen Leserkreis wurden die notwendigen mathematischen Ableitungen möglichst lückenlos durchgeführt, damit auch Leser, die in der Mathematik weniger bewandert sind, den Darlegungen folgen und mathematisch anspruchsvollere Lehrbücher der Statistik mit mehr Gewinn lesen können. Meine Erfahrung hat gezeigt, daß diese Ableitungen für das bessere Verständnis der einzelnen Methoden und deren Grenzen unbedingt erforderlich sind. Der mathematisch geschulte Leser möge deshalb diese mathematische Weitschweifigkeit verzeihen. Das vorliegende Buch dürfte deshalb zwischen den elementaren Statistikbüchern und den sehr anspruchsvollen Lehrbüchern der mathematischen Statistik seinen Platz haben.

Im Anschluß an dieses Buch sind weitere Darstellungen über die Stichprobentheorie, die Versuchsplanung, die statistischen Testverfahren und die Zeitreihenanalyse geplant. Des weiteren wird auch das Verhältnis zwischen Statistik, Operations Research, Ökonometrie und Datenverarbeitung behandelt werden.

Dem Verlag sei an dieser Stelle für sein Verständnis und seine hervorragende Arbeit gedankt. Sollte diesem Buch Erfolg beschieden sein, so ist er weitgehend auf die sorgfältige Arbeit des Verlags zurückzuführen.

Freiburg/Schweiz, Februar 1970

Ernst P. Billeter

Inhaltsverzeichnis

1. Geschichte, Wesen und Begriff der Statistik

1.1. Geschichte der Statistik

Statistik ist ein Begriff, der bis heute eine gewisse Vieldeutigkeit bewahrt hat. So kann grundsätzlich zwischen einer zeitlichen und einer sachlichen Vieldeutigkeit unterschieden werden. In zeitlicher Hinsicht hat nämlich der Begriff der Statistik eine gewisse Entwicklung erfahren; in sachlicher Hinsicht wird die Bezeichnung Statistik für verschiedene Sachverhalte verwendet.

Die *zeitliche Vieldeutigkeit* äußert sich darin, daß sich im Laufe der Jahre und Jahrzehnte die kennzeichnenden Merkmale der Statistik geändert haben. Es ist allerdings festzuhalten, daß in frühester Zeit die Bezeichnung Statistik noch nicht geprägt war; diese ist erst später (Mitte des 18. Jahrhunderts) entstanden. Interessant ist dabei, daß kennzeichnende Merkmale, die früher einmal im Vordergrund standen, später durch andere verdrängt worden sind, die dann ihrerseits wiederum durch die ursprünglichen Merkmale abgelöst worden sind.

So waren schon im *Altertum* Auszählungen der Bevölkerung bekannt. Im Mittelalter war dann als Statistik eine verbale Beschreibung bestimmter Tatbestände zu verstehen, wobei das Zahlenmäßige (Quantitative) in den Hintergrund gedrängt wurde. Die Neuzeit ist demgegenüber durch ein erneutes Hervortreten des quantitativen Merkmals gekennzeichnet.

Die ersten Statistiken — so würde man heute sagen — waren bekanntlich Erhebungen über die Bevölkerung. So ordnete beispielsweise der römische Kaiser OCTAVIANUS AUGUSTUS solche Volkszählungen an. Eine eigenhändige Aufzeichnung dieses Kaisers besagt folgendes:

„Et in consulatu sexto censum populi conlega M. Agrippa egi. Lustrum post annum alterum et quadragensimum feci. Quo lustro civium Romanorum censa sunt capita quadragiens centum millia et sexaginta tria millia. Tum iterum consulari cum imperio lustrum solus feci. C. Censorino et C. Asinio cos. Quo lustro censa sunt civium Romanorum capita quadragiens centum millia et ducenta triginta tria millia. Et tertium consulari cum imperio lustrum conlega Tib. Caesare filio meo feci Sex. Pompeio et Sex. Appuleio cos. Quo lustro censa sunt civium Romanorum capitum quadragiens centum millia et nongenta triginta et septem millia." (6)[1]

---

[1] Diese eingeklammerten Zahlen weisen auf das Literaturverzeichnis hin.

Diesem lateinischen Text ist zu entnehmen, daß sich diese Volkszählungen damit begnügten, die Bevölkerungszahl festzustellen, also einen vorwiegend quantitativen Charakter aufwiesen. Im Text ist von drei Volkszählungen die Rede. Auf diese nimmt auch das Lukas-Evangelium Bezug, wo folgendes zu lesen steht:

„In jenen Tagen erging ein Erlaß des Kaisers Augustus, das ganze Land sei aufzunehmen. Dies war die erste Aufzeichnung, die unter dem Statthalter von Syrien, Cyrinus, stattfand. Da gingen alle hin sich eintragen zu lassen, ein jeglicher in seinen Heimatort." (5)

Eine Volkszählung war im Altertum mit erheblichen Schwierigkeiten verbunden. Aus diesem Grunde erstreckten sich diese Zählungen über eine längere Zeit. Dadurch aber mußten sich die Wanderungen störend auswirken. Um diesen Störeinfluß einigermaßen zu mildern, mußten sich die Bewohner des Landes, wie dem Lukas-Evangelium zu entnehmen ist, an ihre Heimatorte begeben, wo sie dann, nach SUETON, straßenweise gezählt wurden:

„Populi recensum vicatim egit." (12)

Eine größere Bedeutung erlangte die Statistik dann im *Mittelalter*. Italienische Republiken, wie vor allem Venedig, verpflichteten ihre Gesandten bei fremden Regierungen, die allgemein als „statisti" bezeichnet wurden, in geheimen Aufträgen, alles Wissenswerte über diese Regierungen zu berichten. Sie sollten den fremden Staat möglichst genau beschreiben. Die venezianischen Gesandten waren durch ein Gesetz des Maggior Consiglio gehalten, über ihre Eindrücke mündlich zu berichten; so wurde vorgeschrieben:

„Oratores in reditu dent in nota ea quae sunt utilia dominio." (1)

Später, im Jahre 1425, war es den Gesandten gestattet, ihre Beobachtungen schriftlich in den sogenannten „Relazioni" festzuhalten:

„In scriptis relationes facere teneantur." (1)

Diese Berichte waren sehr umfassend. So enthielten sie nach REUMONT (7) systematische Angaben über das fremde Land, über die geographischen Verhältnisse, die Einwohner und ihr Einkommen, über das Fürstenhaus, die Familie des Staatsoberhauptes und dessen Vertrauenspersonen, über die angesehenen Einwohner des Landes, ihre Lebensgewohnheiten und ihren Charakter, über die politische Lage, Bündnisse, Krieg und Frieden.

Der Consiglio dei Dieci erließ Richtlinien an die Gesandten, wonach sie unter anderem auch über das Klima des Landes, die Landwirtschaft, Tierwelt, Hautfarbe und seelische Verfassung der Bevölkerung zu berichten hatten. Bisher waren solche statistische Angaben in den amtlichen Berichten der Gesandten zu finden. Doch nunmehr erschienen vereinzelt größere Abhandlungen über dieses Gebiet. Zu nennen sind hier vor allem die Werke von SANSOVINO (1521—1586) (9) und BOTERO (1540—1617) (2).

Wiederum richtete sich das Augenmerk auf die Durchführung von Volkszählungen, wobei versucht wurde, systematischer vorzugehen, indem Vorschriften erlassen und Periodizitäten bestimmt wurden. Der Rat der Zehn erließ 1440 Richtlinien für die Durchführung solcher Zählungen, wobei die Bevölkerung erstmals nach Geschlecht, sozialer Stellung und Nationalität erfaßt werden sollte. Im Jahre 1607 wurde in Venedig erstmals eine Volkszählung nach diesen Richtlinien durchgeführt, indem Formulare mit bestimmten Fragen verteilt wurden. Sind bis anhin die Volkszählungen in unregelmäßigen Zeitabständen durchgeführt worden, so ist im Jahre 1624 ein fünfjähriger Zyklus vorgesehen worden.

Die Entwicklung, die die Statistik in Italien erfahren hatte, ergriff nun auch andere Länder, so vor allem Deutschland und England. In Deutschland waren es vor allem HERMANN CONRING (1606—1681), JOHANN PETER SÜSSMILCH (1707—1767) und GOTTFRIED ACHENWALL (1719—1772), die die Statistik wesentlich förderten. Im Jahre 1660 kündigte CONRING eine Vorlesung an der Universität Helmstadt an, die er „Notitia rerum publicarum" nannte. In dieser Vorlesung vermittelte er eine systematische Beschreibung der Tätigkeit eines Staates. Er unterschied dabei — dem scholastischen Prinzip folgend — vier Hauptursachen, nämlich Gebiet und Bevölkerung (materielle Ursache), Staatsform (formale Ursache), Staatsorgane und Staatsmittel (Wirkungsursache) sowie Staatsziel (Endursache).

CONRINGS Vorlesung fand großes Interesse. Verschiedene deutsche Universitäten richteten deshalb neue Lehrstühle für dieses Sachgebiet ein. So lehrte auch ACHENWALL, der seit 1746 Professor zuerst in Marburg und später in Göttingen war, dieses Gebiet an seiner Universität. Er hat dabei der Lehre von den Staatsmerkwürdigkeiten eine straffere Form gegeben, und er hat auch diesem Gebiet die Bezeichnung „Statistica scientia" oder kurz Statistik verliehen. Darunter verstand er die Kenntnisse über einen Staat und dessen Aufbau. Die Politik, so sagte er, lehrt, wie die Staaten sein sollten, die Statistik aber beschreibt, wie sie in Wirklichkeit sind. Sie sollte auch nach den Ursachen dessen forschen, was in einem Staatswesen erwähnenswert ist, denn sonst — so meinte ACHENWALL — können wir einen Staat nur kennen, nicht aber erkennen. Aus dieser Zeit stammt die in Deutschland übliche Bezeichnung Universitätsstatistik.

Die Entwicklung in Deutschland teilt sich nun in zwei Richtungen. Die eine, deren Hauptvertreter ACHENWALL war, sah immer noch das Wesen der Statistik in der Beschreibung einzelner Staaten. Nach der anderen Richtung, die durch die Arbeiten SÜSSMILCHS gekennzeichnet ist, hat die Statistik die Aufgabe, Ursachenforschung zu betreiben. Der ersten Richtung folgend ist Statistik eine historische Politik. So beschreibt, nach ACHENWALL, die Geschichte, das Vergangene; die Statistik hingegen handelt

1*

vom Gegenwärtigen. SLÖZER, ein Schüler ACHENWALLS, sagt in diesem Zusammenhang: Geschichte ist eine fortlaufende Statistik, Statistik eine stillstehende Geschichte.

Für CONRING und ACHENWALL bestand eine der Hauptaufgaben der Statistik in der Beschreibung. Was lag nun näher, als diese Beschreibung auf Grund von Zahlen durchzuführen? Die Verwendung numerischer Ausdrücke setzte sich immer mehr durch. Im Jahre 1741 veröffentlichte der Däne ANCHERSEN eine Arbeit, der er den Titel gab: Descriptio statuum cultiorum in tabulis. Er versucht hier, Vergleiche von Staatsbeschreibungen dadurch zu erleichtern, daß die kennzeichnenden Zahlen in „tabulis", d. h. in Tabellen zusammengestellt wurden. Immer mehr Zahlen wurden in Tabellen zusammengefaßt, und immer mehr glaubte man, auf einen erklärenden Text verzichten zu können. Gegen diese Entwicklung, die nun auch Einzug in die Universitäten hielt, kämpften die Nachfahren CONRINGS und ACHENWALLS an, und sie bezeichneten ihre Widersacher geringschätzig als „Tabellenknechte".

Im Jahre 1662 erschien in London eine Schrift, die einen wesentlichen Einfluß auf die Statistik ausüben sollte, indem sie die Grundlage der sogenannten politischen Arithmetik bildete. Der Verfasser, JOHN GRAUNT (1620—1674), schlug vor, die Gegebenheiten des Lebens (Todesfälle, Geburten usw.) nicht wie bisher als individuelle Erscheinungen aufzufassen, sondern sie kollektiv in homogene Klassen (z. B. nach Geschlecht, Alter usw.) aufzuteilen und zu untersuchen. Diese Schrift fand einen großen Widerhall, konnte doch 1665 bereits eine vierte Auflage herausgegeben werden. Die Bezeichnung politische Arithmetik stammt allerdings nicht von GRAUNT, sondern von Sir WILLIAM PETTY.

Dieser Entwicklung in Deutschland und England schließt sich eine mehr philosophisch-logische Prägung der Statistik vor allem durch MELCHIORRE GIOIA (1767—1829) und GIAN DOMENICO ROMAGNOSI (1761—1835) an. Nach GIOIA (4) ist Statistik die Kunst, die Gegenstände einer Untersuchung durch ihre Eigentümlichkeiten zu kennzeichnen. Im einzelnen stellt sie die Beschreibung der Eigentümlichkeiten, welche einen Staat kennzeichnen, dar. Die Grundaufgabe der Statistik ist nach GIOIA die Beschreibung der wirtschaftlichen Verhältnisse eines Landes innerhalb einer bestimmten Zeitspanne. Er schreibt sogar eine Rangfolge der zu untersuchenden Merkmale vor. So sollte jede Statistik mit der Darstellung der topographischen Lage eines Landes beginnen. An zweiter Stelle sollte die Bevölkerung untersucht werden. Hernach sollten die Produktionsverhältnisse (Fischfang, Jagd, Mineralogie, Ackerbau usw.) erfaßt werden.

Nach ROMAGNOSI (8) handelt die Statistik von den wirtschaftlichen, sittlichen und politischen Zuständen eines Landes. Die Arbeit des Statistikers teilt er in vier Gruppen auf: die Abgrenzung des Gebietes, das zu bearbeiten ist, die statistische Erhebung, die Darstellung der Ergebnisse und schließlich ihre kritische Beurteilung. Der Endzweck der Statistik ist der Vergleich zwischen dem wirklichen und einem idealen Staat. Durch diesen Vergleich sollte es möglich sein, den Stand der Zivilisation zu umschreiben, den der Staat erreicht hat. Ein Staat ist nur mächtig, wenn er kulturell hochstehend ist und seinem Volke Sicherheit zu geben vermag.

Die Folgezeit war durch eine Unterbrechung der Entwicklung der Statistik in Italien gekennzeichnet. Einen neuen Auftrieb erhielt sie durch die Entwicklung in Deutschland, die sich über Österreich auf die oberitalienischen Universitäten Padua und Pavia geltend machte. Im Jahre 1817 wurde in Padua und bald darauf auch in Pavia ein besonderer Lehrstuhl für Statistik eingerichtet. Dabei wurde der quantitative Aspekt der Statistik durch eine gewisse Mathematisierung vertieft. Dieser neue Aspekt fand seinen Niederschlag vor allem in Veröffentlichungen von TOALDO (11) und FONTANA (3). Immer mehr löst sich nun die Statistik von der mehr historisch-geographischen Richtung, und es schält sich immer mehr der quantitative, mathematische Aspekt heraus, der dann in Italien besonders durch ANGELO MESSEDAGLIA (1820—1901) gefördert worden ist.

Rückblickend kann gesagt werden, daß Objekt und Methode der Statistik eine Veränderung erfahren haben. Hinsichtlich des Objekts entwickelte sie sich von einer verbalen Beschreibung von Staaten zur Beschreibung der Gesellschaft. Methodologisch stand am Anfang eine einfache Darlegung von Ereignissen und Tatsachen, die dann einer Erforschung von Gesetzmäßigkeiten mit Hilfe mathematischer Mittel weichen mußte.

1.2. Wesen der Statistik

Bisher war von der zeitlichen Vieldeutigkeit des Begriffs der Statistik die Rede. Daneben aber ist auch eine *sachliche Vieldeutigkeit* festzustellen, die noch nicht allgemein abgeklärt ist. Die Umschreibung des Wesens der Statistik reicht von der bloßen Zusammenstellung von Zahlenangaben bis zur Auffassung, daß die Statistik vor allem die Verarbeitung solcher zahlenmäßiger Angaben mit Hilfe mathematischer Methoden durchzuführen hat. Auch findet sich hier eine ähnliche Unterscheidung wie in der Mathematik zwischen reiner und angewandter Mathematik, indem zwischen reiner Statistik im Sinne einer mathematischen Methodenlehre und einer auf Erscheinungen verschiedenster Wissensgebiete angewandte Statistik unterschieden wird.

Die einfachste Auffassung über die Statistik ist wohl jene, nach welcher es sich um eine bloße Zusammenstellung von zahlenmäßigen Angaben handelt. So werden schon tabellarische Aufzeichnungen als Statistik bezeichnet. Kennzeichnend ist hier das Bestreben nach äußerster Genauigkeit solcher Zahlenangaben. So spricht man beispielsweise von einer Verkaufsstatistik und meint damit die peinlich genaue Erfassung mengen- und wertmäßiger Verkaufsdaten, die man dann in Tabellen zusammenträgt. Weist aber eine Zahlenangabe Ungenauigkeiten auf, wird sie als untauglich für solche statistischen Zwecke gewertet und verworfen. Die Anhänger dieser Richtung, die oft in Firmen und Verwaltungen zu finden sind, übersehen die Tatsache, daß die Ungenauigkeit der Zahlenangaben ein Wesensmerkmal der Statistik ist, das sie von der Buchhaltung unterscheidet. Sehr oft sind solche Statistiken aber durch eine vermeintliche Genauigkeit gekennzeichnet; Zahlenangaben, die auf den ersten Blick genau erscheinen, sind es oft tatsächlich nicht. So dürfte der ausgewiesene Bestand eines großen Lagers sehr oft vom tatsächlichen Bestand wesentlich abweichen. Auch die Zahl von 5 429 061 am 1. Dezember 1960 in der Schweiz gezählten Personen darf nicht als genaue Zahl für die Wohnbevölkerung der Schweiz im erwähnten Zeitpunkt aufgefaßt werden.

Das Wesen der eigentlichen Statistik besteht darin, brauchbare quantitative Anhaltspunkte für bestimmte Erscheinungen auf den verschiedensten Sachgebieten (Volks-, Betriebswirtschaft, Demographie, Astronomie, Biologie usw.) zu vermitteln. Das Erfordernis der Genauigkeit der Zahlenangaben wird durch das schwächere Erfordernis der Stellvertretungseigenschaft dieser Zahlenangaben, d. h. ihrer Repräsentativität, ersetzt. Mit dieser Stellvertretungseigenschaft will man ausdrücken, daß die in bestimmter Weise gewonnene (statistische) Zahlenangabe für eine bestimmte Erscheinung an Stelle des wahren, aber unbekannten Wertes dieser Erscheinung gesetzt werden kann. So steht die Zahl für die Wohnbevölkerung auf Grund der Volkszählung 1960, die sich bekanntlich auf 5 429 061 Personen beziffert, stellvertretend für die wahre, aber unbekannte Bevölkerungszahl in jenem Zeitpunkt. Der Statistiker arbeitet nun mit dieser Zahl, als handelte es sich um die wahre Bevölkerungszahl, er ist sich aber immer der Stellvertretungseigenschaft dieser Zahl bewußt.

Trotz dieser Erkenntnis wird der Statistiker versuchen, dem wahren Zahlenwert möglichst nahezukommen. Aus diesem Grunde hat er bestimmte Erhebungs- und Verarbeitungsmethoden entwickelt, die ihm Gewähr bieten, die Repräsentativität der Zahlenangaben möglichst hoch zu halten. Die Abweichung des statistischen vom wahren Wert ist durch Fehler verursacht, die sich bei der Erhebung und der Verarbeitung einstellen und nicht ganz zu vermeiden sind.

Erhebungsfehler können sich ergeben, wenn beispielsweise bei einer Volkszählung alle jene Personen, die keinen festen Wohnsitz haben und bei der Einwohnerkontrolle nicht gemeldet sind, d. h. Personen, die von Ort zu Ort ziehen und nachts im Freien oder in verlassenen Hütten übernachten, nicht vollständig erfaßt sind. Beim Beispiel des Warenlagers kann es sein, daß während der Bestandesaufnahme Waren dem Lager entnommen oder zugefügt worden sind, so daß der zahlenmäßige Ausdruck der Bestandesaufnahme dann, wenn er gemeldet wird, schon nicht mehr stimmt.

Erhebungsfehler ergeben sich aber auch, wenn die Zähl- und Erhebungseinheit ungenau definiert ist. Dies kommt vor allem bei der Auszählung der Wohnbevölkerung nach Berufen vor, indem es vorkommen kann, daß der Berufsausübende selber im unklaren über seinen Beruf ist. Ähnliche Fehler können auch bei einer Erhebung über die Religionszugehörigkeit einer Personengruppe vorkommen, indem einzelne Personen beispielsweise im unklaren sind, ob sie alt- oder römisch-katholischer Religionszugehörigkeit sind.

Verarbeitungsfehler können entstehen, wenn das erhobene Zahlenmaterial in unrichtiger Weise verarbeitet wird. Fehler dieser Art kommen vor, wenn beispielsweise einzelne Warengruppen in einem Preisindex (wie dem Index der Konsumentenpreise) mit einer unrichtigen Bedeutung (Gewicht) verarbeitet werden. Solche Fehler ergeben sich auch dann, wenn zur Darstellung eines bestimmten Sachverhaltes ungeeignete statistische Methoden verwendet werden oder wenn zu genaue statistische Methoden bei der Verarbeitung eines wenig repräsentativen Zahlenmaterials eingesetzt werden. Es wird hier von der methodologischen Seite eine Genauigkeit vorgetäuscht, die in Wirklichkeit nicht besteht. Ganz allgemein sollten die verwendeten statistischen Verarbeitungsmethoden dem zu verarbeitenden Zahlenmaterial angepaßt werden, d. h. es sollte eine gewisse Abstimmung zwischen Verarbeitungsmethoden und Zahlenmaterial angestrebt werden.

1.3. Begriff der Statistik

Die Statistik definieren zu wollen, ist sehr schwierig. Der Grund hierfür liegt darin, daß hier — wie schon dargelegt worden ist — eine sachliche Vieldeutigkeit besteht. Auch bei einer groben Umschreibung dieses Begriffs stößt man schon auf Schwierigkeiten. So wird die Statistik einerseits als eine mathematische Methodenlehre aufgefaßt, für welche die Bezeichnung mathematische Statistik geprägt worden ist. Andere hingegen möchten die Statistik von der Mathematik getrennt wissen, indem sie sagen, die statistische Analyse sei keine Mathematik (10).

Diese Frage der Umschreibung der Statistik kann wohl nicht in allgemeiner Weise beantwortet werden. Die Statistik untersucht zweifellos

Erscheinungen, die durch Zahlen gekennzeichnet sind. Dabei sind grundsätzlich drei Einsatzarten zu unterscheiden:

- das Sammeln dieser zahlenmäßigen Angaben,
- die Untersuchung dieser Angaben mit Hilfe bestimmter Methoden,
- die Entwicklung neuer Verfahren zur zielgerichteteren Untersuchung dieser Daten oder zur Untersuchung neuer Probleme.

Das Verwirrende ist hier, daß alle drei Einsatzarten die gleiche Bezeichnung Statistik tragen. Die irrtümliche Ansicht, daß nur die erstgenannte Einsatzart als Statistik zu bezeichnen sei, ist sehr verbreitet. Die Zahl jener, die in dieser Einsatzart richtigerweise nur die Vorstufe zur Statistik erblicken, deren Aufgaben in der zweiten Einsatzart umschrieben sind, ist leider verhältnismäßig klein. Die Ansicht, daß nur die dritte Einsatzart die Bezeichnung Statistik verdient, findet man vor allem bei Mathematikern, die dann von mathematischer Statistik sprechen.

Diese Bezeichnung dürfte zu allgemein sein, da ja auch die zweite Einsatzart als mathematische Statistik bezeichnet werden könnte. Wohl besteht zwischen den beiden letzten Einsatzarten ein Unterschied, der aber nicht dadurch gekennzeichnet ist, daß man für die dritte Einsatzart das Prädikat „mathematisch" hinzufügt. Der Unterschied bezieht sich auf das Objekt, indem bei der zweiten Einsatzart Erscheinungen aus der Praxis untersucht werden, während bei der dritten Einsatzart die theoretischen, methodologischen Grundlagen der Statistik das Untersuchungsobjekt darstellen. So erscheinen die Bezeichnungen praktische Statistik für die zweite Einsatzart und theoretische Statistik für die dritte Einsatzart treffender. Beide Arten der Statistik bedienen sich mathematischer Mittel, die eine indem sie die Zahlen aus der Praxis in algebraisch ausgedrückte Formeln der Statistik einsetzt, die andere indem sie vom Problem ausgehend algebraische Formeln zu entwickeln versucht und sich mit der algebraischen Darstellung der Formeln begnügt.

Aus den bisherigen Ausführungen ergibt sich somit, daß als Objekt der Statistik alle zahlenmäßig erfaßbaren Erscheinungen bezeichnet werden können, sofern sie zufallsabhängig sind. Durch diese Einschränkung können alle jene Erscheinungen, die zahlenmäßig genau definiert und eindeutig sind, also nicht vom Zufall abhängen, der Mathematik zugeordnet werden. Für die Statistik, die sich dieser Unterscheidung folgend mit zufallsabhängigen quantitativen Erscheinungen befaßt, ist folglich der Begriff des Zufalls wesentlich.

Dem Zufall kommt in der Statistik eine überragende Bedeutung zu. Er ist es, der die Statistik von der Mathematik unterscheidet. Während in der Mathematik jeder Zahlenwert, der verarbeitet wird, genau aufgefaßt werden will, sind statistische Zahlen mit Ungenauigkeiten behaftet, die durch zufällige Einflüsse verursacht sind. Was ist aber, so stellt sich die Frage, unter dem Begriff des Zufalls zu verstehen?

Die in der Statistik verarbeiteten Zahlenwerte sind zahlenmäßige Ausdrücke für bestimmte Erscheinungen. Diese werden aber durch bestimmte Ursachen beeinflußt. Einige dieser Ursachen sind bekannt und können deshalb in die statistische Untersuchung einbezogen werden. Die restlichen Ursachen aber sind dem Statistiker nicht bekannt; er kennt nur deren Auswirkungen, wenn er für eine bestimmte Erscheinung die bekannten Ursachen in Rechnung stellt und die auf diese Weise „berechnete" zahlenmäßige Auswirkung dieser Erscheinung mit der tatsächlich beobachteten Erscheinung vergleicht. Die sich ergebenden Abweichungen stellen nun die Resultante aus den verschiedenen, dem Statistiker unbekannten Ursachen dar. Diese Resultante ist nun das, was man als zufällige Abweichungen bezeichnet. Der Zufall kann folglich als die Einwirkung uns unbekannter Einflüsse und Ursachen bezeichnet werden. Er äußert sich als Resultante dieser Einflüsse und kann auch als solche zahlenmäßig erfaßt werden. Je mehr sich nun die bekannten Einflüsse auszuwirken vermögen, desto unbedeutender werden die zufälligen Einflüsse, und umgekehrt, je mehr das Zufällige überhand nimmt, desto weniger kann die Erscheinung auf Grund der ermittelbaren Einflüsse beschrieben werden. Erscheinungen, bei welchen alle Einwirkungen bekannt sind, werden als deterministische Erscheinungen bezeichnet; Erscheinungen aber, für die nicht alle Ursachen ermittelbar und bekannt sind, heißen stochastische Erscheinungen. Diese letzteren bilden das Objekt der Statistik. Dieses ist, wie wir gesehen haben, durch den Zufall beeinflußt. Dieser kann nun durch die Wahrscheinlichkeitsrechnung eingefangen werden. Die Statistik bedient sich deshalb bei der Untersuchung solcher Erscheinungen der Wahrscheinlichkeitsrechnung.

2. Grundlagen der Statistik

2.1. Wahrscheinlichkeitsrechnung

In diesem Abschnitt sollen einige der wichtigsten Grundlagen der Wahrscheinlichkeitsrechnung zusammengestellt werden, die ja — wie wir wissen — für die Statistik von entscheidender Bedeutung sind. Das Gebiet der Wahrscheinlichkeitsrechnung ist sehr weit, und es kann deshalb nicht unsere Aufgabe sein, dieses sehr interessante Gebiet gründlich zu behandeln. Wer sich eingehender mit diesem Gebiet befassen will, soll auf das einschlägige Schrifttum verwiesen werden. Die moderne Statistik beruht aber, das soll hier schon vorweggenommen werden, nicht nur auf der Wahrscheinlichkeitsrechnung, sondern es hat sich gezeigt, daß auch Überlegungen aus der Informationstheorie von Nutzen sind. Davon soll aber im nächsten Abschnitt die Rede sein.

Die Wahrscheinlichkeitsrechnung bedient sich vereinfachender Modelle, um bestimmte Situationen zu kennzeichnen. Dieses Vorgehen hat den Vorteil, daß sich Gegebenheiten, die auf den ersten Blick als kompliziert erscheinen mögen, durch Modelle darstellen lassen, die wesentlich einfacher und durchsichtiger sind und gleichwohl die hauptsächlichsten Kennzeichen der Wirklichkeit tragen. Von allen denkbaren Modellen haben sich in der Wahrscheinlichkeitsrechnung vor allem das Urnenmodell, das Münzenmodell, das Würfelmodell und das Spielkartenmodell als besonders zweckmäßig erwiesen. Beim Urnenmodell stellt man sich vor, daß sich in einem Behälter verschiedenfarbige Kugeln in einem bestimmten Mischungsverhältnis befinden, die in bestimmter Weise gezogen werden; beim Münzen- wie auch beim Würfelmodell werden bestimmte Situationen durch das Werfen von Münzen oder Würfeln gekennzeichnet; beim Spielkartenmodell endlich versucht man die Wirklichkeit durch das Ziehen von Karten aus einem Kartenspiel zu veranschaulichen.

2.1.1. Begriffe

Grundlegende Begriffe der Wahrscheinlichkeitsrechnung sind das Ereignis und der Ereignisraum. Die günstigen Resultate eines Versuches werden als *Ereignis* bezeichnet. Alle möglichen Resultate eines Versuches bilden den *Ereignisraum*. Diese Begriffe können nun in klarer Weise mit Hilfe gruppentheoretischer Überlegungen dargestellt werden. Ereignisse und Ereignisräume werden hier als Gruppen betrachtet, auf welche die Überlegungen der Gruppentheorie angewendet werden können. Ein anschauliches Hilfsmittel stellt hier das Venn-Diagramm dar. In solchen Diagrammen werden die betrachteten Ereignisse und Ereignisräume als geometrische Figuren (meistens Kreise) dargestellt. Ein Ereignis ist eine Teilgruppe oder Teilmenge des Ereignisraumes. Die günstigen Resultate eines Versuches bilden folglich Punkte in der das Ereignis darstellenden Teilmenge. Jedes mögliche Resultat eines Versuchs wird durch einen Punkt im Ereignisraum symbolisiert.

So stellt der Ereignisraum des Wurfversuchs mit zwei Münzen die Menge

$$S = \{ KK,\ KZ,\ ZK,\ ZZ \}$$

dar, wo K Kopf und Z Zahl bedeuten. Die Kombinationen KK, KZ, ZK, ZZ stellen gruppentheoretisch betrachtet Punkte im Ereignisraum S dar. Werden nun alle jene Ergebnisse mit mindestens einem Kopf-Wurf als günstige Resultate bezeichnet, so stellt die Menge

$$E = \{ KK,\ KZ,\ ZK \}$$

das Ereignis dar. Dieses als Menge aufgefaßte Ereignis ist also eine Teilmenge des Ereignisraumes; diese Beziehung wird durch die Formel

$$E \subset S$$

gekennzeichnet. Man sagt auch, daß das Ereignis E den Ereignisraum S impliziert. Als Venn-Diagramm kann diese Beziehung durch zwei Kreise dargestellt werden, von welchen der eine vollständig im anderen enthalten ist.

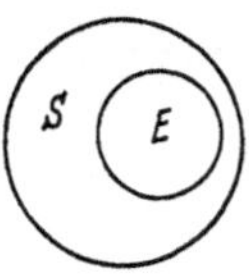

Damit wird ausgesagt, daß alle Punkte oder Elemente (Kombinationen) von E auch Elemente von S sind, aber nicht umgekehrt.

Wird, um ein weiteres Beispiel anzuführen, mit zwei Würfeln geworfen, und werden die günstigen Resultate, d. h. das Ereignis, dahingehend umschrieben, daß es durch alle jene Würfe gekennzeichnet ist, für welche die Augensumme 10 ist, so ist der Ereignisraum folgendermaßen definiert:

$$S = \{\,6{,}6;\ 6{,}5;\ 6{,}4;\ 6{,}3;\ 6{,}2;\ 6{,}1;$$
$$5{,}6;\ 5{,}5;\ 5{,}4;\ 5{,}3;\ 5{,}2;\ 5{,}1;$$
$$4{,}6;\ 4{,}5;\ 4{,}4;\ 4{,}3;\ 4{,}2;\ 4{,}1;$$
$$3{,}6;\ 3{,}5;\ 3{,}4;\ 3{,}3;\ 3{,}2;\ 3{,}1;$$
$$2{,}6;\ 2{,}5;\ 2{,}4;\ 2{,}3;\ 2{,}2;\ 2{,}1;$$
$$1{,}6;\ 1{,}5;\ 1{,}4;\ 1{,}3;\ 1{,}2;\ 1{,}1;\}$$

Das Ereignis wird dann durch die Menge

$$E = \{\,6{,}4;\ 5{,}5;\ 4{,}6\,\}$$

definiert. Es besteht aus den Elementen 6,4, 5,5 und 4,6. Die Menge E ist wiederum eine Teilmenge von S, denn sie besteht aus einzelnen Punkten oder Elementen des Ereignisraumes.

Dadurch ist eine Beziehung zwischen statistischen Versuchen und der Gruppen- oder Mengentheorie dargelegt. Eine Teilmenge, die keine Punkte umfaßt, symbolisiert ein Ereignis, das keine Resultate aufweist, das also unmöglich ist. Ein solches Ereignis wird formelmäßig durch die Beziehung

$$E = 0$$

dargestellt, wo die Null als Symbol der Nullmenge und nicht als Zahl aufgefaßt werden will.

Eine Teilmenge, die Punkte enthält, die nicht in die das betrachtete Ereignis E darstellende Teilmenge fallen, stellt ein Ereignis dar, das als Komplementärereignis E' bezeichnet wird. Die schraffierte Fläche im nachfolgenden Venn-Diagramm kennzeichnet das Komplementärereignis E'.

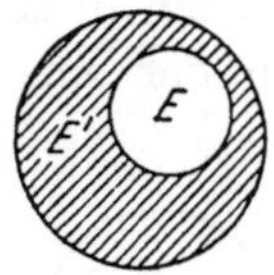

Die beiden Teilmengen E und E', d. h. die beiden Ereignisse E und E', ergeben zusammen den Ereignisraum S. Nimmt man also alle Punkte zusammen, die entweder in E oder in E' liegen, so ergibt sich der Ereignisraum S; formelmäßig wird dieser Zusammenhang wie folgt dargestellt:

$$E \cup E' = S$$

d. h. die Union ($\cup$) oder Vereinigung von E und E'. Da man sich bei einem bestimmten Versuch stets innerhalb des betreffenden Ereignisraumes bewegt, wird dieser, in Analogie zur Nullmenge, auch mit 1 gekennzeichnet, wobei diese Zahl wiederum nicht als Zahlbegriff, sondern als Symbol der alles umfassenden Menge aufzufassen ist.

Bei zwei Ereignissen E_1 und E_2 wird oft nach den Elementen gefragt, die sowohl zu E_1 als auch zu E_2 gehören. Diese Menge wird in der Mengenlehre als die Intersektion von E_1 und E_2 bezeichnet; sie wird durch die Beziehung

$$E_1 \cap E_2$$

gekennzeichnet. Das entsprechende Venn-Diagramm enthält zwei sich überlappende Kreise.

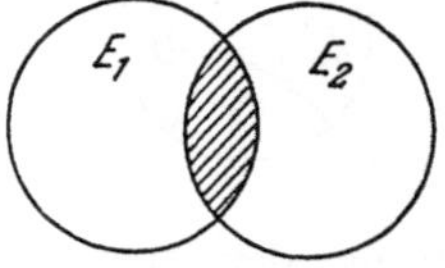

Die schraffierte Fläche symbolisiert die Elementegruppe, die sowohl zu E_1 als auch zu E_2 gehört. Überlappen sich die beiden Kreise nicht, so heißt dies, daß es keine Elemente gibt, die sowohl zu E_1 als auch zu E_2 gehören. Die zugehörige Formel lautet:

$$E_1 \cap E_2 = 0$$

d. h. das Überlappen ist der Nullmenge gleichbedeutend. Überlappende Flächen können sich selbstverständlich auch bei mehreren Teilmengen einstellen. Für drei sich überlappende Kreise ergäbe sich also das folgende Venn-Diagramm:

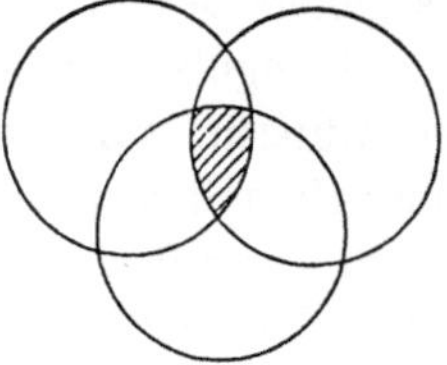

Stellt sich der Fall mehrerer sich überlappender Kreise ein, ist also

$$E_1 \cap E_2 \cap E_3 \cap \ldots \cap E_n$$

oder kürzer

$$\bigcap_{i=1}^{n} E_i$$

so stellt diese Beziehung das gleichzeitige Eintreffen mehrerer Ereignisse dar. In entsprechender Weise kann die Formel für die Vereinigung mehrerer Ereignisse wie folgt geschrieben werden:

$$E_1 \cup E_2 \cup E_3 \cup \ldots \cup E_n = \bigcup_{i=1}^{n} E_i.$$

Füllen die bestimmte Ereignisse darstellenden Teilmengen E_1, E_2, E_3, $\ldots E_n$ den ganzen Ereignisraum S aus, ohne sich dabei zu überlappen, spricht man von einer *Einteilung*. Als Venn-Diagramm wird die Einteilung folgendermaßen dargestellt:

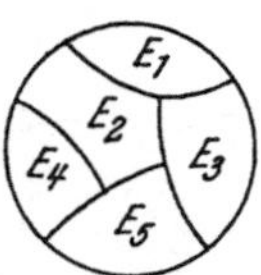

Die Definition einer Einteilung der Menge $\{E_1, E_2, E_3, \ldots E_n\}$ umfaßt also drei Bedingungen, nämlich:

1. $E_i \subseteq S$

2. $E_i \cap E_k = 0 \qquad (i \neq k)$

3. $\bigcup_{i=1}^{n} E_i = S$

wo $i = 1, 2, 3, \ldots n$ und $k = 1, 2, 3, \ldots n$ ist. Eine Einteilung liegt z.B. bei zwei komplementären Ereignissen vor. Sie liegt auch beim Würfelmodell vor, wenn die Ereignisse E_1, E_2, E_3, E_4, E_5, E_6 das Werfen einer 1, 2, 3, 4, 5, 6 bezeichnen und der Ereignisraum S durch alle möglichen Resultate des Würfelversuchs gekennzeichnet ist.

Können zwei oder mehrere Ereignisse zusammen auftreten, wie z. B. beim Münzversuch mit zwei Münzen, für welchen sich die Ereignisse „Kopf" und „Zahl" als Paare einstellen werden, ist u. U. zu beachten, welches das erste und welches das zweite Element des Paares ist. In solchen Fällen spricht man von *geordneten Paaren*. Diese Unterscheidung ist wichtig, wenn beispielsweise beim Münzversuch das Ereignis KZ vom Ereignis ZK zu unterscheiden ist. Solche geordneten Paare werden in der Regel in runde Klammern gesetzt, also z. B. (ZK); dadurch hebt man sie von der Menge ZK ab, die in geschweiften Klammern gesetzt ist. Es bestehen nämlich die unterscheidenden Beziehungen

$$\{ZK\} = \{KZ\}$$

aber

$$(ZK) \neq (KZ).$$

Ein geordnetes Paar kann deshalb in folgender Weise definiert werden:

$$(E_1, E_2) = \left\{ \{ E_1, E_2 \}, \{ E_1 \} \right\}$$

d. h. als die Menge E_1, E_2, für welche gilt, daß die Menge E_1 die erste Menge ist. Weiter folgt daraus, daß zwei geordnete Paare (E_1, E_2) und (E_3, E_4) nur dann einander gleich sind, wenn $E_1 = E_3$ und $E_2 = E_4$.

Die Einführung des Begriffs der geordneten Paare ist zur Bestimmung des *kartesischen Produkts* wichtig (so benannt nach dem Mathematiker René Descartes, 1596—1650). Sind zwei Mengen, A und B, gegeben, so versteht man unter dem kartesischen Produkt $A \times B$ die Menge aller geordneten Paare (a, b), wobei a zu A und b zu B gehört, d. h. $a \, \varepsilon \, A$ und $b \, \varepsilon \, B$. Formelmäßig lautet diese Definition wie folgt:

$$A \times B = \left\{ (a, b) \mid a \, \varepsilon \, A, \, b \, \varepsilon \, B \right\}.$$

Sind beispielsweise die Mengen A durch $\{ K, Z \}$ und B durch $\{ 1, 2, 3 \}$ gekennzeichnet, so ergeben sich die folgenden kartesischen Produkte:

$$A \times B = \left\{ (K, 1), (K, 2), (K, 3), (Z, 1), (Z, 2), (Z, 3) \right\}$$
$$B \times A = \left\{ (1, K), (1, Z), (2, K), (2, Z), (3, K), (3, Z) \right\}.$$

Ganz allgemein läßt sich das kartesische Produkt definieren als:

$$A_1 \times A_2 \times \ldots \times A_n = \left\{ (a_1, a_2, \ldots a_n) \mid a_i \, \varepsilon \, A_i \right\}$$

für $i = 1, 2, \ldots n$.

Das kartesische Produkt ist besonders geeignet, Ereignisräume zu beschreiben. So kann der Ereignisraum für den Versuch, mit drei Münzen zu werfen, durch die Beziehung $E \times E \times E$ dargestellt werden, worin $E = \{ K, Z \}$:

$$E \times E \times E = \left\{ (K, K, K), (K, K, Z), (K, Z, K), (K, Z, Z), \right.$$
$$\left. (Z, K, K), (Z, K, Z), (Z, Z, K), (Z, Z, Z) \right\}$$

Die Anzahl der geordneten Gruppen, bestehend aus je drei Elementen (Resultaten) ist hier gleich $2^3 = 8$.

Um jedes Ereignis E_i auch zahlenmäßig zu kennzeichnen, wird jedem eine Zahl zugeordnet. Diese kann, so wollen wir vorerst annehmen, willkürlich gewählt werden; sie muß nur den drei Bedingungen genügen, daß sie positiv ist, daß sie kleiner als eins ist und daß die Summe aller den einzelnen Ereignissen zugeordneten Zahlen stets gleich eins ist. Diese so definierten willkürlichen Zahlen werden als *Wahrscheinlichkeiten* bezeichnet. Eine Wahrscheinlichkeit stellt also eine Zahl dar, die positiv, kleiner oder gleich eins ist, und für welche die Summe stets gleich eins ist. Die Definitionsgleichung lautet:

$$0 \leqq P(E) \leqq 1$$

wo P die Wahrscheinlichkeit (probabilitas) bedeutet.

Beim Würfelversuch, z. B. beim Werfen eines Würfels, sind also insgesamt sechs Resultate möglich, nämlich 1, 2, 3, 4, 5, 6. Der Ereignisraum S ist also folgendermaßen umschrieben:

$$S = \{1, 2, 3, 4, 5, 6\}.$$

Wird nun das Resultat 6 als günstig bezeichnet, ist also das Ereignis E gleichbedeutend dem Werfen einer Sechs, so wird man nach der Wahrscheinlichkeit dieses Ereignisses fragen können. Um diese Frage beantworten zu können, muß man vorher den einzelnen möglichen Resultaten Wahrscheinlichkeiten, d. h. Zahlen, die den genannten Bedingungen genügen, zuordnen. So könnte man folgende Zahlen angeben:

Ereignis:	1	2	3	4	5	6
zugeordnete Zahl:	0,0	0,3	0,3	0,2	0,1	0,1.

Diese Zahlen erfüllen die erwähnten Bedingungen, d. h. sie sind positiv und kleiner oder gleich eins, und ihre Summe ist überdies gleich Eins. Vom formal wahrscheinlichkeitstheoretischen Standpunkt aus betrachtet kann uns niemand daran hindern, diese Zahlen als Wahrscheinlichkeiten für die erwähnten Ereignisse zu bezeichnen. Nach den Gründen für die Zuordnung dieser Zahlen befragt, würde es uns schwerfallen, solche zu nennen, da diese Zahlen willkürlich gewählt worden sind. Nun ist es durchaus vernünftig, wenn diese Zahlen nicht willkürlich, sondern auf Grund bestimmter logischer Überlegungen gewählt und zugeordnet werden. Diese Zuordnung sollte also auf Grund bestimmter Annahmen oder Hypothesen erfolgen, die als vertretbar bezeichnet werden können. Eine solche Hypothese bestände darin, daß für alle möglichen Ereignisse die gleiche Zahl gewählt wird. Da es sich im vorliegenden Falle um sechs mögliche Ereignisse handelt und da weiter die Summe dieser Zahlen gleich eins sein muß, bleibt nichts anderes übrig, als jedem Ereignis die Zahl oder Wahrscheinlichkeit 1/6 zuzuordnen. Diese Wahrscheinlichkeit ist wohlverstanden nur im Hinblick auf die explizit oder implizit unterstellte Hypothese zu werten. Daraus folgt nun, daß die gesuchte Wahrscheinlichkeit des Ereignisses, eine Sechs zu werfen, mit 1/6 angenommen werden kann.

Diese Definition der Wahrscheinlichkeit ist umfassender als die sogenannte klassische Definition, die LAPLACE (1749—1827) zugeschrieben wird. Diese besagt, daß die Wahrscheinlichkeit gleich dem Verhältnis aus den günstigen und möglichen Fällen ist. In dieser Definition wird nun stillschweigend vorausgesetzt, daß allen Fällen die gleiche Wahrscheinlichkeit zukommt (Prinzip der Gleichwahrscheinlichkeit). Sie muß deshalb versagen, wenn aus irgendeinem Grunde dieses Prinzip der Gleichwahrscheinlichkeit nicht erfüllt ist. Die vorher dargelegte allgemeine Definition hingegen versagt auch in solchen Fällen nicht.

Bei der klassischen Definition der Wahrscheinlichkeit wird vorausgesetzt, daß die Versuchsergebnisse abzählbar sind. Bei bestimmten Problemen aber ist das Vorgehen des Abzählens nicht mehr möglich, weil hier die Versuchsergebnisse nicht abzählbar, sondern durch geometrische Figuren darstellbar sind. Man spricht dann von *geometrischer Wahrscheinlichkeit*. Das Grundproblem bei diesen Wahrscheinlichkeiten kann dahingehend umschrieben werden, daß man eine Fläche F annimmt, in welcher sich eine kleinere Fläche f befindet. Nun wirft man aufs Geratewohl einen kleinen Punkt, z. B. einen Stecknadelkopf, auf die Fläche F. Die Frage lautet hier: Wie groß ist die Wahrscheinlichkeit, daß dieser Punkt auf die Fläche f fällt? Offenbar hängt diese Wahrscheinlichkeit von der Größenbeziehung der beiden Flächen ab.

Ein bekanntes Beispiel aus der Gruppe der Probleme der geometrischen Wahrscheinlichkeiten stellt das Nadelproblem von BUFFON (1777) dar. Danach werden auf einer Ebene parallele Geraden im Abstand von $2\,d$ gezogen. Aufs Geratewohl wird nun eine Nadel, die die Länge $2\,L$ hat, auf diese Ebene geworfen ($L < d$). Wie groß ist die Wahrscheinlichkeit, daß diese Nadel irgendeine Gerade schneidet?

Zur Lösung dieses Problems sei der Abstand des Mittelpunktes der Nadel von der nächsten Geraden mit x bezeichnet.

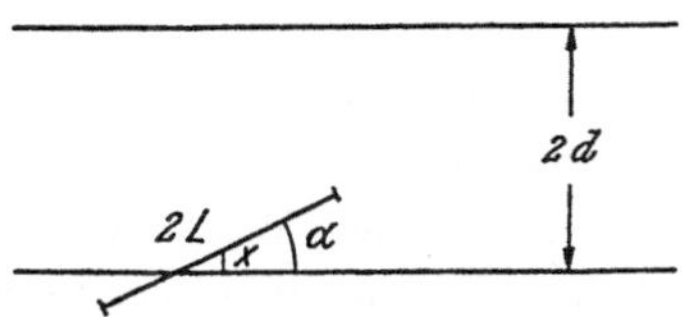

Die Nadel soll mit einer Geraden den Winkel α bilden. Diese beiden Werte, x und α, bestimmen die Lage der Nadel bezüglich der Geraden der Ebene vollständig. Der Winkel α schwankt in unserem Falle zwischen 0^0 und 180^0; für die Winkel zwischen 180^0 und 360^0 wiederholt sich die Situation. Die zu betrachtende Winkelspanne liegt also zwischen 0 und π. Was den Abstand x betrifft, kann dieser von 0 bis d schwanken; für Werte zwischen d und $2\,d$ wiederholt sich die Situation bezüglich der

Nachbargeraden. Der Ereignisraum ist hier also durch ein Rechteck mit den Seitenlängen π und d gekennzeichnet, dessen Fläche $F = \pi d$ ist. Es zeigt sich weiter, daß die Nadel dann noch eine Gerade schneidet, wenn die Beziehung

$$\sin \alpha \gtreqqless \frac{x}{L}, \quad \text{d. h. } x \lesseqqgtr L \sin \alpha.$$

Die gesuchte Wahrscheinlichkeit ist nun gleich dem Verhältnis der Fläche unter der Kurve $x = L \sin \alpha$ und der Rechteckfläche πd, d. h.

$$P = \frac{\displaystyle\int_0^\pi L \sin \alpha \, d\alpha}{\pi d} = \frac{2}{\pi} \frac{L}{d}.$$

Bei der versuchsmäßigen Bestimmung der Wahrscheinlichkeit nach der klassischen Definition stieß man auf Schwierigkeiten, denn je nachdem, ob viele oder wenige Versuche (z. B. Würfe) angestellt worden sind, können sich verschiedene Werte für die Wahrscheinlichkeit ergeben. Es stellte sich deshalb die Frage, wieviel Versuche durchzuführen sind, um einen praktisch annehmbaren Wert der Wahrscheinlichkeit zu erhalten. Auf diese Frage sind grundsätzlich zwei Antworten gegeben worden, die eine von R. von Mises, die andere von R. A. Fisher.

Der wahre Wert der Wahrscheinlichkeit auf Grund der klassischen Definition ergibt sich, nach von Mises, erst, wenn unendlich viele Versuche durchgeführt worden sind. Die Wahrscheinlichkeit wird hier als Grenzwert aufgefaßt, nämlich:

$$P = \lim_{i \to \infty} \left(\frac{g}{m} \right)_i$$

wo g die Zahl der günstigen und m die Zahl der möglichen Fälle bedeuten.

Da eine unendlich lange Versuchsreihe nicht möglich ist, wurde diese Überlegung von R. A. Fisher modifiziert. Danach sollen die Versuche so lange fortgesetzt werden, bis der Wert des Verhältnisses aus den günstigen und den möglichen Fällen einen bestimmten Richtwert (Toleranz) nicht mehr übersteigt. Bei dieser Auffassung der Wahrscheinlichkeit wird also noch eine weitere Größe eingeführt, nämlich die Toleranz oder der noch annehmbare Fehler bei der Bestimmung der Wahrscheinlichkeit. Es genügt also beispielsweise nicht, beim Würfelversuch mit einem Würfel nach der versuchsmäßigen (empirischen) Bestimmung der Wahrscheinlichkeit, eine Sechs zu werfen, zu fragen, sondern es muß noch angegeben werden, welches die Genauigkeit bzw. die Toleranz dieser Schätzung sein soll (z. B. $\pm 1\%$). Sobald also die gegenseitigen Abweichungen der Resultate kleiner sind als diese Toleranz, kann der Versuch abgebrochen werden. Diese Fragestellung ist aber nur dann berechtigt, wenn man annehmen kann, daß sich der Wert des Verhältnisses aus günstigen und möglichen Fällen mit zunehmender Anzahl der Versuche asymptotisch dem Wert der Wahrscheinlichkeit nähert. Diese Annahme ist nun auf Grund des *Gesetzes der großen Zahl* zulässig.

Eine Münze sei immer wieder geworfen und für jeden Wurf soll das Ergebnis festgehalten werden. Das Resultat „Kopf" soll als günstiges Ereignis aufgefaßt werden. Ein solcher Versuch wird als Bernoulli-Versuch bezeichnet. Dieser ist dadurch charakterisiert, daß es sich hier um wiederholte Würfe handelt, bei welchen nur zwei mögliche Resultate bestehen und bei welchen die Wahrscheinlichkeit eines Ereignisses während der Würfe unverändert bleibt.

Ein solcher Bernoulli-Versuch liegt auch dann vor, wenn man mit einem Würfel wirft und beispielsweise das Wurfresultat Sechs als günstiges und das Werfen einer Fünf, Vier, Drei, Zwei oder Eins als ungünstiges Resultat auffaßt. Man kann nun das Werfen einer Sechs durch die Zahl Eins, d. h. Eintreffen des günstigen Ereignisses, und alle anderen möglichen Resultate des Versuchs durch die Zahl Null, d. h. Nicht-Eintreffen des günstigen Ereignisses, kennzeichnen. Dieser Versuch ist praktisch durchgeführt und die günstigen Ereignisse für Gruppen von je fünf Würfen kumuliert angeführt worden. Die Ergebnisse finden sich in der nachfolgenden Zusammenstellung.

Würfelversuch. Serien zu 5 Würfen

Würfe	Günstige Ereignisse	Relative Häufigkeit	Würfe	Günstige Ereignisse	Relative Häufigkeit
bis 5	3	0,600	bis 65	13	0,200
bis 10	5	0,500	bis 70	15	0,214
bis 15	5	0,333	bis 75	16	0,213
bis 20	5	0,250	bis 80	17	0,212
bis 25	6	0,240	bis 85	17	0,200
bis 30	6	0,200	bis 90	18	0,200
bis 35	8	0,228	bis 95	18	0,189
bis 40	8	0,200	bis 100	19	0,190
bis 45	9	0,200	bis 105	19	0,181
bis 50	10	0,200	bis 110	20	0,182
bis 55	12	0,218	bis 115	20	0,174
bis 60	12	0,200	bis 120	22	0,183

Das günstige Ereignis ist das Werfen einer Sechs. Die relative Häufigkeit, d. h. die Wahrscheinlichkeit für dieses Ereignis, stellt sich auf 1/6 oder 0,167. Der Würfelversuch zeigt nun, daß sich die relativen Häufigkeiten dem auf Grund der Wahrscheinlichkeitsrechnung zu erwartenden Wert von 0,167 nähern.

2*

Diese Feststellung ist allgemein gültig, und es ist nicht möglich, daß sich die relativen Häufigkeiten mit zunehmender Anzahl der Versuche wieder vom Erwartungswert entfernen. Sie kann formelmäßig folgendermaßen beschrieben werden:

$$\lim_{n \to \infty} P\left[\,|\,h_n - p\,| > \varepsilon\right] = 0$$

oder

$$\lim_{n \to \infty} P\left[\,|\,h_n - p\,| < \varepsilon\right] = 1$$

h_n bezeichnet die relative Häufigkeit des Ereignisses und p die Wahrscheinlichkeit des Ereignisses; ε ist ein beliebig kleiner Wert. Man nennt diese Beziehung das Gesetz der großen Zahl. Es wurde von J. BERNOULLI zuerst mathematisch formuliert. Im vorliegenden Falle handelt es sich genauer um das schwache Gesetz der großen Zahl. Das starke Gesetz der großen Zahl besagt, daß für alle Werte $\varepsilon > 0$ und $0 \leqq \delta \leqq 1$ ein N derart besteht, daß alle Ungleichungen

$$|\,h_n - p\,| < \varepsilon \qquad n = N, N + 1, \ldots N + r$$

für alle Werte von $r > 0$ mit mindestens der Wahrscheinlichkeit $1 - \delta$ erfüllt sind. Das starke Gesetz der großen Zahl wurde 1909 von E. BOREL in folgender Weise formuliert:

$$P\left[h_n \to p\right] = 1$$

wenn n gegen Unendlich strebt. Das Gesetz der großen Zahl besagt, daß eine Folge von Größen, die zufälligen Einflüssen unterworfen sind, gegen einen bestimmten Wert konvergiert; dieser Wert ist der Erwartungswert dieser zufälligen Größen.

Bei wahrscheinlichkeitstheoretischen Problemen werden immer wieder zwei Fundamentalsätze der Wahrscheinlichkeitsrechnung benützt. Es handelt sich hier um den Additions- und den Multiplikationssatz. Man geht hier von zwei oder mehr Ereignissen, $A, B, \ldots$, aus, deren Wahrscheinlichkeiten $P(A)$, $P(B)$, $\ldots$ sind. Diese Sätze sollen an Hand eines Modells kurz erläutert werden.

Als Beispiel sei hier das Münzenmodell angeführt. Das Wurfergebnis „Kopf" stellt das Ereignis A und das Resultat „Zahl" das Ereignis B dar. In diesem Falle ist $P(A) = P(B) = 1/2$. Wirft man mit zwei Münzen, kann nach der Wahrscheinlichkeit gefragt werden, sowohl bei der einen Münze das Resultat „Kopf", als auch bei der anderen Münze das gleiche Resultat zu werfen. Das Ereignis „Kopf bei der ersten Münze" sei A_1 und das Ereignis „Kopf bei der zweiten Münze" sei A_2. Das Ereignis, mit beiden Münzen „Kopf" zu werfen, kann in einem Venn-Diagramm folgendermaßen dargestellt werden.

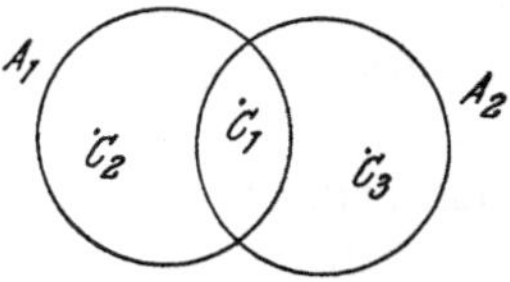

Der Punkt c_1 symbolisiert das Ereignis, mit beiden Münzen „Kopf" zu werfen, der Punkt c_2 aber das Ereignis, „Kopf" mit der ersten, nicht aber mit der zweiten Münze zu werfen, der Punkt c_3 hingegen das Ereignis, „Kopf" mit der zweiten, nicht aber mit der ersten Münze zu werfen. Das gesuchte Ereignis stellt also die Überschneidung der beiden Flächen im Venn-Diagramm dar, was durch die Beziehung $A_1 \cap A_2$ gekennzeichnet wird. Die entsprechende Wahrscheinlichkeit ist

$$P\,(A_1 \cap A_2) = P\,(A_1)\,P\,(A_2).$$

Wenn also nach der Wahrscheinlichkeit gefragt wird, mit zwei Münzen beidemal „Kopf" zu werfen, so ergibt sich diese Wahrscheinlichkeit zu

$$P\,(A_1 \cap A_2) = \frac{1}{2}\,\frac{1}{2} = \frac{1}{4}.$$

Nun soll nur eine Münze geworfen werden. Welches ist die Wahrscheinlichkeit, daß das Wurfergebnis entweder Kopf oder Zahl ist? Da angenommen wird, daß die Münze nicht auf der Kante zur Ruhe kommt, muß sicher das eine oder das andere Ergebnis eintreffen. Die entsprechende Wahrscheinlichkeit ist demnach gleich eins. Zu diesem Ergebnis gelangt man auch, wenn man die Wahrscheinlichkeiten $P\,(A)$ und $P\,(B)$ zusammenzählt.

Die Ereignisse A und B können als Venn-Diagramm dargestellt werden.

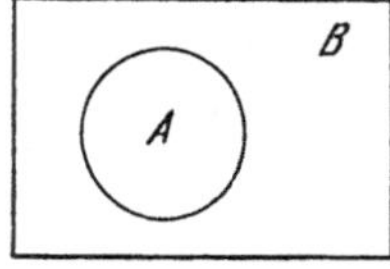

Der im Rechteck eingezeichnete Kreis stellt das Ereignis A dar. Da es sich hier um komplementäre Ereignisse handelt, wollen wir den Ereignisraum durch ein Rechteck und das Ereignis B als die zum Kreis komplementäre Fläche darstellen. Die Flächen A und B schneiden sich nicht, d. h. es kann beim Wurf einer Münze nur Kopf oder Zahl fallen, nicht aber gleichzeitig Kopf und Zahl. Die Wahrscheinlichkeit für das Eintreffen von „Kopf" oder „Zahl" ist also

$$P(A \cup B) = P(A) + P(B).$$

Wendet man den Additionssatz bei sich nicht ausschließenden Ereignissen an, so ist auch der Multiplikationssatz zu berücksichtigen. In solchen Fällen überschneiden sich die die Ereignisse A und B symbolisierenden Kreise im Venn-Diagramm. Diese überlappende Fläche muß dann noch abgezogen werden, da sie beim Additionssatz zweimal gezählt worden ist. Es ergibt sich somit die folgende Formel des Additionssatzes bei sich nicht ausschließenden Ereignissen:

$$P(A \cup B) = P(A) + P(B) - P(A \cap B).$$

Die soeben angeführten beiden Beziehungen lassen sich nun verallgemeinern. Statt nur zwei Ereignisse, A und B, können nun unendlich viele Ereignisse angenommen werden. In diesem Falle ergibt sich die verallgemeinerte Beziehung:

$$P\left(\bigcup_{i=1}^{\infty} A_i\right) \leq \sum_{i=1}^{\infty} P(A_i).$$

Diese Beziehung bezeichnet man als die *Boolesche Ungleichung;* sie stammt aus dem Jahre 1854.

Der allgemeine Additionssatz für zwei Ereignisse ist anzuwenden, wenn beispielsweise nach der Wahrscheinlichkeit gefragt wird, in einem Kartenspiel entweder ein As oder eine schwarze Kartenfarbe zu ziehen. Die Menge aller As-Karten sei die Menge A, die Menge aller schwarzfarbenen Karten die Menge B. Als Venn-Diagramm erhält man hier das folgende Bild:

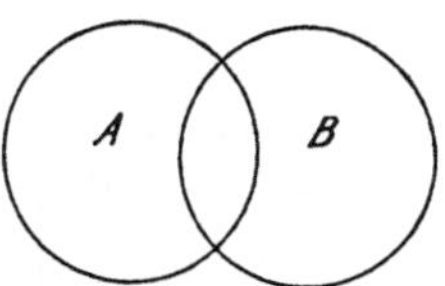

Das Ziehen einer Karte, die entweder ein As ist oder eine schwarze Kartenfarbe hat, ist die Vereinigung der Mengen A und B. Die Wahrscheinlichkeit stellt sich somit auf

$$P(A \cup B) = P(A) + P(B) - P(A \cap B).$$

Im vorliegenden Falle sind nun

$$P(A) = \frac{4}{52} \qquad P(B) = \frac{26}{52}$$

$$P(A \cap B) = P(A)\,P(B) = \frac{4}{52}\,\frac{26}{52} = \frac{2}{52}.$$

Daraus folgt nun

$$P(A \cup B) = \frac{4}{52} + \frac{26}{52} - \frac{2}{52} = \frac{28}{52} = \frac{7}{13}.$$

Die Anwendung des Additionssatzes für sich ausschließende Ereignisse ergäbe hier ein falsches Ergebnis.

In praktischen Anwendungen stellt sich oft die Frage, wann der Additions- und wann der Multiplikationssatz anzuwenden sei. Hier kann die die Wahl erleichternde Regel aufgestellt werden, daß der Additionssatz dann anzuwenden ist, wenn die Fragestellung „entweder — oder" ist, und der Multiplikationssatz, wenn die Fragestellung „sowohl — als auch" lautet.

Bei einer Reihe statistischer Probleme wird nach einer Wahrscheinlichkeit gefragt, wobei bestimmte Bedingungen gegeben sind. Solche Wahrscheinlichkeiten werden als *bedingte Wahrscheinlichkeiten* bezeichnet. Solche Probleme können durch das folgende Modell gekennzeichnet werden. Gegeben sind n Urnen, die mit den Zahlen 1, 2, 3, ... n bezeichnet sind. In jeder Urne befinden sich n weiße und schwarze Kugeln. Die i-te Urne enthält i weiße und $(n - i)$ schwarze Kugeln. Es soll aus der Gesamtzahl aller Kugeln (insgesamt n^2 Kugeln) eine Kugel zufällig ausgewählt werden. Die gezogene Kugel sei weiß. Wie groß ist die Wahrscheinlichkeit, daß sie der i-ten Urne entnommen worden ist?

Anstatt aus der Gesamtheit aller Kugeln eine zufällig zu ziehen (zufällig also im Sinne, daß die Ursachen für die Ziehung dieser Kugeln nicht ermittelbar sind), kann auch zuerst durch eine Versuchsperson eine Urne zufällig gewählt werden und durch eine andere Versuchsperson, die nicht weiß, welche Urne gewählt worden ist, blindlings aus dieser Urne eine Kugel gezogen werden. Ist sie weiß, stellt sich die Frage, wie groß die Wahrscheinlichkeit ist, daß es sich bei der zuerst zufällig gewählten Urne um die Urne i handelt. Bezeichnet man das Ereignis, daß die gezogene Kugel aus der Urne i stammt, mit A und das Ereignis, daß die gezogene Kugel weiß ist, mit B, so stellt sich das Problem folgendermaßen: Welches ist die Wahrscheinlichkeit des Ereignisses A, wenn das Ereignis B eingetreten ist? Es handelt sich hier also um eine Wahrscheinlichkeit, die an eine bestimmte Bedingung geknüpft ist, d. h. also um eine bedingte Wahrscheinlichkeit. Diese Fragestellung wird formelmäßig durch den Ausdruck

$$P(A \mid B)$$

dargestellt. Diese Wahrscheinlichkeit läßt sich aus dem Verhältnis der Anzahl der Kugeln, die sowohl weiß sind als sich auch in der Urne i befinden (F_{AB}), und der Zahl der Kugeln, die weiß sind (F_B) bestimmen. Nun ist aber $F_{AB} = i$ und F_B ist gleich der Summe $1 + 2 + 3 + \ldots + n$, d. h. also

$$F_B = \frac{n\,(n+1)}{2}.$$

Die gesuchte Wahrscheinlichkeit ist folglich

$$P\,(A \mid B) = \frac{2\,i}{n\,(n+1)}.$$

Diese Lösung läßt sich auch auf Grund der Einzelwahrscheinlichkeiten $P\,(F_{AB})$ und $P\,(F_B)$ bestimmen. Nach dem Multiplikationssatz ist

$$P\,(F_{AB}) = P\,(A)\,P\,(B) = P\,(A \cap B)$$

und

$$P\,(F_B) = P\,(B).$$

Folglich ist

$$P\,(A \mid B) = \frac{P\,(A \cap B)}{P\,(B)}.$$

Nun sind

$$P\,(A) = \frac{2\,i}{n\,(n+1)} \quad \text{und} \quad P\,(B) = \frac{2}{n\,(n+1)}$$

woraus man die Beziehung

$$P\,(A \cap B) = \frac{4\,i}{n^2\,(n+1)^2}$$

erhält. Daraus folgt

$$P\,(A \mid B) = \frac{4\,i}{n^2\,(n+1)^2} : \frac{2}{n\,(n+1)} = \frac{2\,i}{n\,(n+1)}.$$

Die Formel für bedingte Wahrscheinlichkeiten lautet also

$$P\,(A \mid B) = \frac{P\,(A \cap B)}{P\,(B)}.$$

Wird das Ereignis A vom Ereignis B nicht beeinflußt, spricht man von *unabhängigen Ereignissen*. In solchen Fällen ist es unwesentlich, Kenntnis über das Ereignis B zu haben, d. h. die Kenntnis des Ereignisses B beeinflußt die Kenntnis über das Ereignis A nicht. In solchen Fällen besteht die Beziehung

$$P\,(A \mid B) = P\,(A).$$

Diese Beziehung besteht beim angeführten Beispiel, was besagt, daß es sich hier um unabhängige Ereignisse gehandelt hat. Tatsächlich hängt die Wahrscheinlichkeit für die Ziehung einer weißen Kugel aus der Urne i nicht vom Ereignis ab, daß die Kugel weiß ist.

Die Summe dieser Wahrscheinlichkeiten, d. h. also die Wahrscheinlichkeit, daß die gezogene weiße Kugel aus einer der n Urnen gezogen worden ist, muß gleich eins sein. Dies läßt sich auch aus der gefundenen Wahrscheinlichkeit ableiten; es ist nämlich

$$\sum_{i=1}^{n} \frac{2\,i}{n\,(n+1)} = 1.$$

Eine wichtige Anwendung der bedingten Wahrscheinlichkeiten stellt der *Satz von Bayes* dar. Überträgt man das soeben angeführte Modell in die Sprache der Gruppentheorie, so findet man, daß die Resultate der Ziehung einer Kugel unter den n^2 Kugeln den Ereignisraum darstellen. Der Verteilung der Kugeln auf die einzelnen Urnen entsprechen Untergruppen, die den Ereignisraum ganz ausfüllen und sich nicht überschneiden. Es handelt sich also um eine Einteilung des Ereignisraumes. Der Versuch im angeführten Beispiel bestand also darin, ein Element (Kugel) aus einer der Untergruppen zu wählen. Die dadurch gewonnene Erkenntnis wurde zur Bestimmung der Wahrscheinlichkeit benützt, aus welcher Untergruppe dieses Element gezogen worden ist.

Die Untergruppen seien mit E_1, E_2, ... E_n bezeichnet. Die Menge $\left\{E_1, E_2, \ldots E_n\right\}$ ist voraussetzungsgemäß eine Einteilung der Menge E. Es ist also $\left\{E_1 \cap E,\ E_2 \cap E,\ \ldots E_n \cap E\right\}$ ebenfalls eine Einteilung. Die Menge E kann aber als die Vereinigung

$$E = \bigcup_{i=1}^{n} (E_i \cap E)$$

betrachtet werden. Die entsprechenden Wahrscheinlichkeiten sind nun:

$$P\,(E) = \sum_{i=1}^{n} P\,(E_i \cap E).$$

Definitionsgemäß ist die bedingte Wahrscheinlichkeit durch die Formel gegeben:

$$P\,(E \mid E_i) = \frac{P\,(E \cap E_j)}{P\,(E_i)}$$

oder

$$P\,(E \cap E_i) = P\,(E \mid E_i)\,P\,(E_i). \tag{1}$$

Setzt man diesen Ausdruck in die Formel für $P(E)$ ein, so erhält man

$$P(E) = \sum_{i=1}^{n} P(E \mid E_i)\, P(E_i). \tag{2}$$

Nun ist auf Grund der Formel für die bedingte Wahrscheinlichkeit

$$P(E_i \mid E) = \frac{P(E \cap E_i)}{P(E)}.$$

Aus Formel (1) findet man:

$$P(E \cap E_i) = P(E \mid E_i)\, P(E_i).$$

Setzt man dies in den obigen Ausdruck ein, so findet man

$$P(E_i \mid E) = \frac{P(E \mid E_i)\, P(E_i)}{P(E)}.$$

Wird endlich für $P(E)$ der Ausdruck (2) eingesetzt, so folgt daraus die Formel

$$P(E_i \mid E) = \frac{P(E \mid E_i)\, P(E_i)}{\sum\limits_{i=1}^{n} P(E \mid E_i)\, P(E_i)}. \tag{3}$$

Diese Beziehung ist im Jahre 1763 nach dem Tode von Thomas Bayes veröffentlicht worden.

Die Ereignisse E_i $(i = 1, 2, 3, \ldots n)$ werden Hypothesen genannt. Sie sind elementefremd, da sie eine Einteilung darstellen. Die Wahrscheinlichkeiten $P(E_i)$ heißen im Sinne von Bayes Wahrscheinlichkeiten a priori. Die bedingte Wahrscheinlichkeit $P(E_i \mid E)$ bezeichnet man im Sinne von Bayes als Wahrscheinlichkeit a posteriori der Hypothesen E_i.

Diese Ausdrücke sind nicht mit den Bezeichnungen „A-priori-Wahrscheinlichkeit" für die theoretische Wahrscheinlichkeit, wie z. B. 1/6 für das Werfen einer Sechs beim Würfelmodell, und „A-posteriori-Wahrscheinlichkeit" für empirisch gefundene Wahrscheinlichkeit, wie z. B. 0,180 für das Werfen einer Sechs mit einem Würfel, zu verwechseln.

Sehr oft können statistische Versuche als voneinander unabhängig angenommen werden. Jedem Resultat eines solchen Versuchs ist dann eine bestimmte Wahrscheinlichkeit zugeordnet. In anderen statistischen Versuchen aber hängt das Ergebnis des einen Versuchs vom Resultat des unmittelbar vorausgehenden Versuchs ab. Solche Versuche haben zu der von A. A. Markov (1856—1922) entwickelten Theorie geführt. In dieser Theorie der sogenannten *Markovschen Ketten* sind grundsätzlich zwei Begriffe besonders wichtig, nämlich der Begriff des Zustandes eines komplexen Systems und der Begriff des Übergangs von einem Zustand in einen anderen. Ein betrachtetes System kann also seinen gegenwärtigen Zustand mit einer gewissen Wahrscheinlichkeit beibehalten oder es kann ihn mit einer gewissen Wahrscheinlichkeit verändern. Die Wahrscheinlichkeit, daß der Zustand i beibehalten wird, sei p_{ii}; die Wahrscheinlichkeit, daß das System vom Zustand i in den Zustand j übergeht, sei p_{ij}. Diese Wahrscheinlichkeiten bezeichnet man als Übergangswahrscheinlichkeiten.

Diese Übergangswahrscheinlichkeiten umschreiben einen Markov-Prozeß vollständig. Ein solcher wird also durch die Übergangsmatrix gekennzeichnet, wo die Elemente der Matrix die einzelnen Übergangswahrscheinlichkeiten darstellen. Die allgemeine Form einer solchen Matrix M ist:

$$M = \begin{vmatrix} p_{11} & p_{12} & \cdots & p_{1n} \\ p_{21} & p_{22} & \cdots & p_{2n} \\ \cdots\cdots\cdots\cdots\cdots \\ p_{n1} & p_{n2} & \cdots & p_{nn} \end{vmatrix}$$

Es handelt sich also um eine quadratische Matrix, deren Elemente positiv und kleiner oder gleich eins sind. Da ein System sicher entweder im gegenwärtigen Zustand verharrt oder in einen anderen Zustand übergeht, sind die Zeilensummen der Übergangswahrscheinlichkeiten gleich eins. Matrizen, deren Elemente Wahrscheinlichkeiten und deren Zeilensummen gleich eins sind, heißen auch stochastische Matrizen.

Im Zusammenhange mit Markov-Prozessen stellt sich die Frage, wie groß die Wahrscheinlichkeit ist, daß sich ein System, das sich in einem bestimmten Zustand befand, nach n Zeitspannen wieder in diesem Zustand befinden wird. Zu diesem Zwecke wird die Zustandswahrscheinlichkeit $P_{zi}(n)$ als jene Wahrscheinlichkeit definiert, wonach sich das System nach n Übergängen (z. B. Zeitspannen) im Zustand i befinden wird, wenn der Zustand des Systems zu Beginn des Prozesses ($n = 0$) bekannt ist. Wiederum gilt die Beziehung

$$\sum_{i=1}^{N} P_{zi}(n) = 1$$

und

$$P_{zj}(n+1) = \sum_{i=1}^{N} P_{zi}(n)\, p_{ij} \qquad\qquad (n = 1, 2, \ldots).$$

Die Zustandswahrscheinlichkeiten $P_{zi}(n)$ können gesamthaft als Zeilenvektor $P_z(n)$ aufgefaßt werden. Die obige Beziehung kann deshalb in der folgenden einfacheren Form dargestellt werden:

$$P_z(n+1) = P_z(n)\, p.$$

Daraus leitet sich die folgende Reihe ab:

$$P_z(1) = P_z(0)\,p$$
$$P_z(2) = P_z(1)\,p = P_z(0)\,p^2$$
$$P_z(3) = P_z(2)\,p = P_z(0)\,p^3$$
$$\dotfill$$
$$P_z(n) = P_z(n-1)\,p = P_z(0)\,p^n,$$

Aus der Beziehung

$$P_z(n) = P_z(n-1)\,p$$

folgt für n gegen Unendlich

$$P_z = P_z\,p.$$

Für einen Markov-Prozeß mit zwei Zuständen ergibt sich daraus:

$$P_{z0}\,\alpha - P_{z1}\,\beta = 0 \quad \text{und} \quad -P_{z0}\,\alpha + P_{z1}\,\beta = 0$$

worin α die Wahrscheinlichkeit darstellt, daß sich das System im Zeitpunkt $(n+1)$ im Zustand 1 befindet, wenn es sich im Zeitpunkt n im Zustand 0 befunden hatte, und β die Wahrscheinlichkeit, daß sich das System im Zeitpunkt $(n+1)$ im Zustand 0 befindet, wenn es sich im Zeitpunkt n im Zustand 1 befunden hatte. Daraus folgen für die Wahrscheinlichkeiten im Gleichgewichtszustand des Systems (n gegen Unendlich) die Werte:

$$P_{z0} = \frac{\beta}{\alpha + \beta} \quad \text{und} \quad P_{z1} = \frac{\alpha}{\alpha + \beta}.$$

Es ergibt sich somit die folgende Übersicht:

von Zustand	nach Zustand	
	0	1
0	$1-\alpha$	α
1	β	$1-\beta$

Daraus folgt die Matrix für die Übergangswahrscheinlichkeiten

$$P = \begin{vmatrix} 1-\alpha & \alpha \\ \beta & 1-\beta \end{vmatrix}$$

Ein Beispiel möge die praktische Verwendung von Markov-Ketten veranschaulichen. Eine statistische Erhebung hat folgendes ergeben: Die

Wahrscheinlichkeit, daß ein bestimmtes System im gegebenen Zustand 1 verharrt, ist 0,20; die Wahrscheinlichkeit, daß dieses System aber im Zustand 2 verharrt, ist 0,70. Welches sind die Gleichgewichtswahrscheinlichkeiten in diesem Falle? Als System könnte man beispielsweise die Wetterlage annehmen und definieren, daß der Zustand 1 trockenem Wetter und der Zustand 2 Regenwetter entspricht.

Die Übergangsmatrix ist durch diese Wahrscheinlichkeiten gegeben. Sie ist gleich:

$$P = \begin{vmatrix} 0{,}20 & 0{,}80 \\ 0{,}30 & 0{,}70 \end{vmatrix}$$

wo $p_{11} = 0{,}20$, $p_{12} = 0{,}80$, $p_{21} = 0{,}30$ und $p_{22} = 0{,}70$ sind. Die Gleichgewichtswahrscheinlichkeit ermittelt sich zu

$$P_{z0} = \frac{0{,}30}{1{,}10} = 0{,}273 \quad \text{und} \quad P_{z1} = \frac{0{,}80}{1{,}10} = 0{,}727.$$

Daraus folgt die Gleichgewichtsmatrix

$$P = \begin{vmatrix} 0{,}273 & 0{,}727 \\ 0{,}273 & 0{,}727 \end{vmatrix}$$

Wenn man sich die Frage stellt, wie die Übergangsmatrix nach zwei Übergängen beschaffen sein wird, so kann dies durch die Multiplikation

$$P^2 = P\,P = \begin{vmatrix} 0{,}20 & 0{,}80 \\ 0{,}30 & 0{,}70 \end{vmatrix} \begin{vmatrix} 0{,}20 & 0{,}80 \\ 0{,}30 & 0{,}70 \end{vmatrix}$$

oder

$$P^2 = \begin{vmatrix} 0{,}28 & 0{,}72 \\ 0{,}27 & 0{,}73 \end{vmatrix}$$

errechnet werden. Nach drei Übergängen ergibt sich die Matrix

$$P^3 = P\,P^2 = \begin{vmatrix} 0{,}20 & 0{,}80 \\ 0{,}30 & 0{,}70 \end{vmatrix} \begin{vmatrix} 0{,}28 & 0{,}72 \\ 0{,}27 & 0{,}73 \end{vmatrix} = \begin{vmatrix} 0{,}272 & 0{,}728 \\ 0{,}273 & 0{,}727 \end{vmatrix}$$

d. h. also eine Matrix, die sich der Gleichgewichtsmatrix sehr nähert.

Eine für die praktische Berechnung zweckmäßigere Formel ergibt sich auf Grund der diagonalen oder spektralen Darstellung der Übergangsmatrix P. Besitzt die Übergangsmatrix unterscheidbare charakteristische

Wurzeln oder Eigenwerte λ_1 und λ_2, so besteht eine Matrix T derart, daß

$$P = T \begin{vmatrix} \lambda_1 & 0 \\ 0 & \lambda_2 \end{vmatrix} T^{-1}$$

und

$$P^n = T \begin{vmatrix} \lambda_1{}^n & 0 \\ 0 & \lambda_2{}^n \end{vmatrix} T^{-1}$$

Die Eigenwerte von P stellen Lösungen der Beziehung

$$|P - \lambda I| = 0$$

dar[1]. Daraus leitet sich die Formel ab:

$$P^n = \frac{1}{\alpha + \beta} \begin{vmatrix} \beta & \alpha \\ \beta & \alpha \end{vmatrix} + \frac{(1 - \alpha - \beta)^n}{\alpha + \beta} \begin{vmatrix} \alpha & -\alpha \\ -\beta & \beta \end{vmatrix}$$

Markovsche Ketten dienen auch zur Darstellung von Problemen, die zufällige Bewegungen (random walks) betreffen. So können beispielsweise zufällige Bewegungen bei reflektierenden Wänden im Ursprung, bei welchen die folgenden Wahrscheinlichkeiten definiert sind:

$$p_{i,i+1} = p \qquad\qquad p_{ii} = 1 - p - q$$
$$p_{i,i-1} = q \qquad\qquad p_{00} = 1 - p$$

durch die folgende Übergangsmatrix beschrieben werden:

$$P = \begin{vmatrix} 1-p & p & 0 & 0 \ldots \\ q & 1-p-q & p & 0 \ldots \\ 0 & p & 1-p-q & p \ldots \\ \multicolumn{4}{c}{\dotfill} \end{vmatrix}$$

Die Übergangsmatrix bei zufälligen Bewegungen zwischen zwei absorbierenden Wänden stellt sich folgendermaßen dar:

$$P = \begin{vmatrix} 1 & 0 & 0 & 0 \ldots \\ q & 1-p-q & p & 0 \ldots \\ 0 & q & 1-p-q & p \ldots \\ \multicolumn{4}{c}{\dotfill} \end{vmatrix}$$

Die Übergangsmatrix bei diskontinuierlichen zufälligen Bewegungen ent-

---

[1] BELLMAN, RICHARD: Introduction to Matrix Analysis (New York 1960, S. 187/188).

hält stets die gleichen Elemente auf den Diagonalen. Die Bedingungen der reflektierenden bzw. absorbierenden Wände verändern lediglich die Randkolonnen und Randzeilen der Matrix.

2.1.2. Grundlagen der Komplexionslehre

Bei statistischen Problemen geht es sehr oft darum, die zu erwartende Häufigkeit bestimmter Ereignisse zahlenmäßig zu berechnen. Diesem Zwecke dient die Komplexionslehre, die aus den drei Teilen der Lehre von den Permutationen, jener der Variationen und jener der Kombinationen besteht. Die Variationen und Kombinationen werden auch als geordnete bzw. ungeordnete Proben bezeichnet.

Permutationen

Die Bezeichnung Permutation bedeutet Umstellung. Gemeint sind hier alle möglichen Umstellungen einer Reihe von Elementen, wie z. B. einer Reihe von Zahlen oder Buchstaben. Ist ein einzelnes Element gegeben, so kann offensichtlich nur eine Umstellung vorkommen, nämlich das Element selber. Für die beiden Elemente 1 und 2 können zwei Umstellungen vorgenommen werden, nämlich 12 und 21. Bei den drei Elementen 1, 2 und 3 kann man vorerst das erste Element als fixes Element betrachten und die beiden anderen umstellen. Dadurch ergeben sich die Permutationen 123 und 132. Nun kann das zweite Elemente an die fixe Stelle treten; dadurch erhält man dann die Permutationen 213 und 231. Endlich setzt man das dritte Element an die fixe Stelle und erhält: 312 und 321. Aus drei Elementen können also sechs verschiedene Reihenfolgen gewonnen werden. Man spricht hier von sechs Permutationen.

Auf ähnliche Weise läßt sich die Anzahl der Permutationen von vier Elementen ableiten; ihre Anzahl ist 24. Diese Zahl kann auch dadurch gewonnen werden, daß man die Zahl der vorangegangenen Permutationen mit der neuen Zahl, hier also 4, multipliziert. Führt man diese Überlegung für 1, 2, 3, ... Elemente durch, so findet man, daß die Zahl der Permutationen von zwei Elementen gleich ist der Zahl der Permutationen von einem Element, nämlich eins, mit 2 multipliziert. Die Zahl der Permutationen von drei Elementen ist dann gleich $1 \cdot 2 \cdot 3$, die Zahl der Permutationen von vier Elementen $1 \cdot 2 \cdot 3 \cdot 4$ usw. Als Symbol für diese fortgesetzte Multiplikation hat man das Ausrufungszeichen (!) eingeführt und bezeichnet z. B. die Permutationen von vier Elementen mit 4! und spricht „vier Fakultät". Ganz allgemein ist die Zahl der Permutationen von n Elementen gleich

$$Pe\,(n) = 1 \cdot 2 \cdot 3 \ldots n = n\,!$$

(Die Bezeichnung Pe dient zur Unterscheidung von P als Symbol für die Wahrscheinlichkeit.)

Diese Formel gilt, wenn alle Elemente unter sich verschieden sind. Treten aber einige Elemente mehrmals auf, so können die entsprechenden Umstellungen nicht mehr unterschieden werden, wie beispielsweise bei der Reihe aa; die Umstellung lautet hier ebenfalls aa. Besteht die Reihe aus den beiden Elementen a und b, wobei aber das Element a wiederholt wird, so ergibt sich als eine erste Reihenfolge die Reihe aab. Nun führt man zur Unterscheidung der beiden Elemente a die Bezeichnungen a_1 und a_2 ein. In diesem Falle ergeben sich die Permutationen

$$a_1 a_2 b \quad a_1 b a_2 \quad a_2 a_1 b \quad a_2 b a_1 \quad b a_1 a_2 \quad b a_2 a_1.$$

Nun werden die Indizes 1 und 2 bei a, die als Unterscheidungsmerkmal gedient hatten, gestrichen, wodurch sich der Fall von zwei Elementen mit Wiederholung ergibt. Die Permutationen lauten dann

$$aab \quad aba \quad aab \quad aba \quad baa \quad baa.$$

Von diesen sechs Permutationen können drei als identisch mit schon bestehenden Permutationen gestrichen werden. Es ergeben sich somit die unterscheidbaren Permutationen

$$aab \quad aba \quad baa.$$

Die Zahl der Permutationen ist in diesem Falle gleich 3, verglichen mit 6 bei Permutationen von drei untereinander ungleichen Elementen.

Die Zahl der Permutationen von vier Elementen, von welchen zwei einander gleich sind, kann in ähnlicher Weise abgeleitet werden. Es ergibt sich die Anzahl von zwölf unterscheidbaren Umstellungen. Bei vier Elementen, von welchen aber drei einander gleich sind, findet man als Anzahl der Permutationen die Zahl 4. Diese Ergebnisse sind nachfolgend zusammengestellt und erweitert worden.

Elemente der Reihe		Permutationen	
		ohne Wiederholung	mit Wiederholung
a	$1!$	1	·
ab	$2!$	2	·
aa		·	1
abc	$3!$	6	·
aab		·	3
$abcd$	$4!$	24	·
$aabc$		·	12
$aaab$		·	4
$abcde$	$5!$	120	·
$aaabc$		·	20

. . . .

Nun teilt man die Zahl der Permutationen ohne Wiederholung durch die entsprechende Zahl der Permutationen mit Wiederholung. Dies ergibt die folgenden Vielfachen:

ab	und	aa	$2:1 = 2$
abc	und	aab	$6:3 = 2$
$abcd$	und	$aabc$	$24:11 = 2$
$abcd$	und	$aaab$	$24:4 = 6$
$abcde$	und	$aaabc$	$120:20 = 6$

Es zeigt sich hier, daß das Vielfache bei zwei Wiederholungen 2, bei drei Wiederholungen 6 ist. Daraus kann geschlossen werden, daß die Zahl der Permutationen ohne Wiederholung durch die Zahl der Permutationen der Wiederholungen zu dividieren ist, um die Zahl der Permutationen mit Wiederholung zu erhalten. Sind $\alpha, \beta, \gamma, \ldots$ die Zahl der Wiederholungen, so ergibt sich als allgemeine Formel für die Permutationen mit Wiederholung

$$Pe_w (n; \alpha, \beta, \gamma \ldots) = \frac{n!}{\alpha!\,\beta!\,\gamma!\ldots}.$$

Ein Beispiel soll den Nutzen der Permutationsformeln darlegen. Wieviel verschiedene Reihenfolgen ergeben sich durch Umstellungen bei einem Kartenspiel, bestehend aus 52 Karten, wobei jede Karte von den anderen Karten als verschieden betrachtet wird? Die Lösung ist

$$Pe\,(52) = 52! \sim 8{,}065.10^{67}$$

d. h. also eine Zahl mit 68 Stellen. So viele verschiedene Reihenfolgen ergeben sich beim Mischen eines Kartenspiels von 52 Karten.

Ein anderes Ergebnis erhält man, wenn man nach der Anzahl verschiedener Zusammenstellungen fragt, bei welchen es nur auf das Kartenbild, nicht aber auf die Kartenart ankommt, d. h. beispielsweise die vier Asse, die vier Könige usw. sind untereinander nicht unterscheidbar. In diesem Falle ergeben sich

$$Pe_w\,(52; 4, 4, 4, 4, 4, 4, 4, 4, 4, 4, 4, 4, 4) =$$
$$= \frac{52!}{4!\,4!\ldots 4!} = \frac{52!}{13.4!} \sim 2{,}5849.10^{65}$$

d. h. also eine Zahl mit 66 Stellen.

Variationen

Bei den Permutationen wurden alle Elemente umgestellt, wobei die Anzahl der Elemente in den umgestellten Reihenfolgen gleich war wie in der Ausgangsreihenfolge. Dies ist beispielsweise gegeben, wenn man nach der Anzahl aller möglichen zehnstelligen Zahlen fragt, die mit den zehn Ziffern des Dezimalsystems gebildet werden können. Ihre Anzahl ist bekanntlich gleich

$$Pe\,(10) = 10! \sim 3{,}6291.10^{6.}$$

Nun kann man aber auch beispielsweise fragen, wie viele dreistellige Zahlen mit den zehn Ziffern des Dezimalsystems gebildet werden können. Ganz allgemein kann man fragen, wie viele Gruppen von m Elementen mit insgesamt n Elementen zusammengestellt werden können, wobei $m \leqq n$ ist. Diese Frage wird durch die Variationen

$$V_m\,(n)$$

d. h. Anzahl der Variationen mit n Elementen zur Klasse m beantwortet.

Auch hier unterscheidet man zwischen Variationen mit und ohne Wiederholung, je nachdem, ob einzelne Elemente wiederholt vorkommen oder nicht. Offensichtlich ist

$$V_1\,(n) = n$$

d. h. aus n Elementen können n Gruppen mit je einem Element gebildet werden. Wie groß ist aber die Zahl der Variationen aus fünf Elementen, z. B. den Ziffern 1, 2, 3, 4 und 5 zur Klasse 2, d. h. wie viele zweistellige Zahlen können mit den erwähnten fünf Ziffern gebildet werden? Es können offenbar die folgenden Zahlen zusammengestellt werden:

$$
\begin{array}{ccccc}
11 & 12 & 13 & 14 & 15 \\
21 & 22 & 23 & 24 & 25 \\
31 & 32 & 33 & 34 & 35 \\
41 & 42 & 43 & 44 & 45 \\
51 & 52 & 53 & 54 & 55
\end{array}
$$

Hier sind also vorerst Wiederholungen (11, 22, 33, 44, 55) zugelassen. Die Gesamtzahl dieser Zahlen ist also

$$_wV_2\,(5) = 5^2 = 25.$$

Durch Abzählen findet man auf ähnliche Weise, daß aus den genannten fünf Ziffern insgesamt

$$_wV_3\,(5) = 5^3 = 125$$

dreistellige Zahlen entstehen. Ganz allgemein läßt sich sagen, daß

$$\underline{_wV_m\,(n) = n^m}$$

ist.

Welches ist nun die Zahl der Variationen ohne Wiederholung? In diesem Falle sind alle jene Elementzusammenstellungen wegzulassen, in welchen mindestens zwei Elemente einander gleich sind, wie beispielsweise 22, 133, 555 usw. Der Versuch zeigt, daß

$$V_2\,(5) = 5.4 = 20$$

und

$$V_3\,(5) = 5.4.3 = 60.$$

Allgemein ergibt sich

$$V_m\,(n) = n\,(n-1)\,(n-2)\ldots[n-(m-1)].$$

Für diesen Ausdruck schreibt man zweckmäßigerweise

$$V_m\,(n) = \frac{n!}{(n-m)!}.$$

Das folgende Beispiel zeigt die Nützlichkeit der Variationenformeln. Aus den 26 Buchstaben des Alphabets sollen Bezeichnungen mit drei Buchstaben gebildet werden. Wie viele solcher Bezeichnungen gibt es? Läßt man keine Wiederholungen von Buchstaben zu, findet man

$$V_3\,(26) = \frac{26!}{(26-3)!} = 15\,600.$$

Läßt man aber Wiederholungen von Buchstaben zu, ergeben sich

$$_wV_3\,(26) = 26^3 = 17\,576$$

solche Bezeichnungen.

Kombinationen

Bei den Variationen ist die Aufeinanderfolge der Elemente bedeutsam. So werden beispielsweise die Variationen 34 und 43 als zwei verschiedene Gruppen betrachtet. Bei den Kombinationen ist nun diese Aufeinanderfolge gleichgültig, indem nicht mehr zwischen den Gruppen 34 und 43 unterschieden wird; die Gruppe 34 ist der Gruppe 43 gleichbedeutend.

Wiederum unterscheidet man zwischen Kombinationen mit und solchen ohne Wiederholung. Wir wollen nun nach der Anzahl Kombinationen der fünf Ziffern 1, 2, 3, 4 und 5 in Gruppen von je zwei Ziffern fragen. Bei der für Variationen gegebenen Zusammenstellung fallen also beispielsweise die Zahlen 21, 31, 32, 41, 42, 43, 51, 52, 53 und 54 weg. Vernachlässigt man noch die Wiederholungen 11, 22, 33, 44 und 55, so

ergeben sich insgesamt zehn Kombinationen, d. h. also eine halb so groß
Zahl wie bei den Variationen ohne Wiederholung. Es ist also

$$K_2\,(5) = \frac{V_2\,(5)}{2} = 10.$$

Die Zahl der Kombinationen ohne Wiederholung von fünf Elementen zu
Klasse 3 ergibt sich durch Abzählen zu

$$K_3\,(5) = \frac{V_3\,(5)}{6}$$

und

$$K_4\,(5) = \frac{V_4\,(5)}{24}.$$

Ganz allgemein:

$$K_m\,(n) = \frac{V_m\,(n)}{m!} = \frac{n!}{m!\,(n-m)!}.$$

Für diesen Ausdruck wird in der Regel das Symbol $\binom{n}{m}$ verwendet. E
ist also:

$$K_m\,(n) = \binom{n}{m} = \frac{n!}{m!\,(n-m)!}.$$

Für den Fall der Wiederholung ergibt sich die folgende Formel:

$$_wK_m\,(n) = \binom{n+m-1}{m}.$$

Die Kombinationen sind vor allem in der Stichprobentheorie vo:
Bedeutung. Sie lassen uns bestimmen, wie viele verschiedene Stichprobe:
aus einer Gesamtheit von n Elementen gezogen werden können. Ihre An
zahl ist nämlich

$$K_m\,(n) = \binom{n}{m}$$

wo m die Zahl der Elemente in der Stichprobe darstellt. Aus 100 Elemen
ten können folglich $1,731 \cdot 10^{13}$ verschiedene Stichproben mit je zeh:
Elementen gezogen werden.

Diese wenigen Angaben aus der Komplexionslehre sollen genügen
Sie dienen als Hilfsmittel bei der rechnerischen Auswertung statistische
Modelle. Bei praktischen Problemen bietet jedoch sehr oft die Unter
scheidung zwischen Variationen und Kombinationen Schwierigkeiten. E
soll deshalb abschließend eine Übersicht vermittelt werden, welche di

charakteristischen Merkmale der Permutationen, Variationen und Kombinationen darstellt.

Operationen	Elementenfolge		Gegebene Rangfolge	
	als Einheit	in Gruppen unterteilt	bedeutsam	gleichgültig
Permutationen	x	—	x	—
Variationen	—	x	x	—
Kombinationen	—	x	—	x

Bei Permutationen, Variationen und Kombinationen sind stets Fakultäten zu berechnen, die besonders bei großen Werten zu langwierigen Berechnungen führen. Es stellt sich deshalb hier noch die Frage nach der praktischen Berechnungsweise solcher Ausdrücke. Diese können entweder nach einer Näherungsformel, der *Formel von Stirling,* oder auf Grund von Tafeln mit den Logarithmen der Fakultäten (wie z. B. die Tafel im Buche von E. L. GRANT: Statistical Quality Control, New York 1946) bestimmt werden. Die Formel von STIRLING lautet folgendermaßen:

$$n! \sim \sqrt{2\pi} \cdot n^{n+\frac{1}{2}} e^{-n}.$$

Zum Vergleich der beiden Berechnungswege sollen für einige Zahlenwerte die Fakultäten nach der Formel von STIRLING einerseits und auf Grund der Logarithmen andererseits bestimmt werden.

Zahlenwerte	Stirlingsche Formel	Tabellenwerte
5	$1{,}1803 \cdot 10^2$	$1{,}2001 \cdot 10^2$
20	$2{,}4243 \cdot 10^{18}$	$2{,}4328 \cdot 10^{18}$
25	$1{,}5463 \cdot 10^{25}$	$1{,}5509 \cdot 10^{25}$
50	$3{,}0379 \cdot 10^{64}$	$3{,}0416 \cdot 10^{64}$
100	$9{,}3246 \cdot 10^{157}$	$9{,}3326 \cdot 10^{157}$

Die Annäherung der Werte auf Grund der Formel von STIRLING gleichen sich mit größer werdenden Zahlenwerten immer mehr den Tabellenwerten (Logarithmenwerten) an. Diese Näherungsformel ist deshalb besonders für hohe Werte von Vorteil, sofern keine Tabellenwerte greifbar sind.

2.1.3. Der Satz von De Moivre-Laplace

Bekanntlich können zwei Arten statistischer Versuche unterschieden werden, nämlich einerseits. voneinander unabhängige Versuche und andrerseits Versuche, bei welchen das Ergebnis des einen Versuchs vom unmittelbar vorhergehenden abhängt. Die zuletzt genannte Versuchsart führt zur Theorie der Markovschen Ketten. Sehr oft nimmt man aber an, daß die Versuche voneinander unabhängig sind. Diese Versuchsart führt nun zu einem in der Wahrscheinlichkeitsrechnung und folglich auch in der Statistik wichtigen Satz, den Satz von DE MOIVRE-LAPLACE, der nachfolgend kurz dargestellt werden soll.

Es seien n unabhängige Versuche durchgeführt worden, wobei für jeden Versuch eines von k unvereinbaren Versuchsergebnissen vorkommen. Dabei hängt die Wahrscheinlichkeit eines Versuchsergebnisses nicht von der Ordnungszahl des Versuchs ab. Diese Wahrscheinlichkeit sei p_i, wo $i = 1, 2, 3, \ldots k$ ist. Da die Versuchsergebnisse untereinander unvereinbar sind, ist

$$\sum_{i=1}^{k} p_i = 1.$$

Der Sonderfall $k = 2$ ist von JAKOB BERNOULLI besonders untersucht worden, weshalb dieser Fall auch unter der Bezeichnung *Bernoullisches Schema* bekannt ist. In diesem Falle ist $p_1 = p$ und $p_2 = q = 1 - p$ die Gegenwahrscheinlichkeit. Dieses Bernoullische Schema liegt sehr oft komplizierten Modellen zugrunde, weshalb es für die Statistik besonders bedeutsam ist.

Ein solches oft verwendetes Modell besteht darin, die Wahrscheinlichkeit $P_n (m_1, m_2, \ldots m_k)$ zu bestimmen, daß bei n unabhängigen Versuchen die Ereignisse $E_1, E_2, \ldots E_k$ der Reihe nach m_1-mal, m_2-mal, $\ldots$ m_k-mal auftreten, wobei $\sum_{i=1}^{k} m_i = n$ ist. Projiziert man dieses allgemeine Modell auf das Bernoullische Schema, so stellt sich hier das Problem folgendermaßen: Es soll die Wahrscheinlichkeit $P_n (m_1, m_2)$ bestimmt werden, daß bei n unabhängigen Versuchen die Ereignisse E_1 und E_2 m_1-mal und m_2-mal auftreten. Da aber $m_1 + m_2 = n$, d. h. also $m_2 = n - m_1$ ist, genügt die Kenntnis von n und $m_1 = m$. Die gesuchte Wahrscheinlichkeit ist folglich $P_n (m)$, daß bei n unabhängigen Versuchen das Ereignis E_1 m-mal und das Ereignis E_2 $(n - m)$-mal auftritt.

Nach dem Multiplikationssatz bestimmt sich die Wahrscheinlichkeit, daß das Ereignis E_1, dessen Entstehungswahrscheinlichkeit p ist, m-mal auftritt zu p^m. Die Wahrscheinlichkeit, daß sich das Ereignis E_2, dessen Entstehungswahrscheinlichkeit im Bernoullischen Schema $q = 1 - p$ ist, $(n - m)$-mal ereignet, ist dann gleich q^{n-m}. Die Wahrscheinlichkeit, daß sowohl das Ereignis E_1 m-mal als auch das Ereignis E_2 $(n - m)$-mal eintrifft, ist dann gleich

$$p^m \, q^{n-m}.$$

Das zusammengesetzte Ereignis, daß sich das Elementarereignis E_1 m-mal und das Elementarereignis E_2 $(n - m)$-mal einstellt, kann nun auf verschiedene Arten zustande kommen, die von den Möglichkeiten abhängen, bei n Versuchen m-mal das Ereignis E_1 und $(n-m)$-mal das Ereignis E_2 festzustellen. Diese Anzahl Möglichkeiten ist gleich den Kombinationen

$$\binom{n}{m} = \frac{n!}{m!\,(n-m)!}.$$

Auf Grund des Additionssatzes ergibt sich die gesuchte Wahrscheinlichkeit $P_n\,(m)$ zu

$$P_n\,(m) = \binom{n}{m} p^m\,q^{n-m}. \tag{4}$$

Da nun sicher eines der durch die Wahrscheinlichkeiten $P_n\,(m)$ für $m=1$, $2, 3, \ldots n$ gekennzeichneten Ereignisse eintreffen muß, ist die Summe dieser Wahrscheinlichkeiten gleich eins, d. h.

$$\sum_{m=1}^{n} P_n\,(m) = 1.$$

Verallgemeinert man nun wiederum dieses Bernoullische Schema auf mehr als nur zwei Ereignisse, so ergibt sich die allgemeine Formel für die Wahrscheinlichkeit $P_n\,(m_1, m_2, \ldots m_k)$ zu

$$P_n\,(m_1, m_2, \ldots m_k) = \frac{n!}{m_1!\,m_2!\ldots m_k!}\,p_1{}^{m_1}\,p_2{}^{m_2}\ldots p_k{}^{m_k}. \tag{5}$$

Als Beispiel soll angenommen werden, daß 100 unabhängige Versuche durchgeführt worden seien, wobei die Ereignisse E_1 fünfmal, E_2 20mal, E_3 25mal und E_4 50mal festzustellen waren. Wie groß ist die Wahrscheinlichkeit $P_{100}\,(5, 20, 25, 50)$, d. h. die Wahrscheinlichkeit für die angegebenen Resultate? Weiter sei angenommen, daß $p_1 = 0,10$, $p_2 = p_3 = 0,20$ und $p_4 = 0,50$ sind.

Nach der Beziehung (5) ergibt sich die gesuchte Wahrscheinlichkeit zu:

$$P_{100}\,(5, 20, 25, 50) = \frac{100!}{5!\,20!\,25!\,50!}\,0,10^5 \cdot 0,20^{20} \cdot 0,20^{25} \cdot 0,50^{50}.$$

Diese Formel kann nun bekanntlich auf Grund der Formel von STIRLING oder auf Grund von speziellen Logarithmentafeln ausgewertet werden. Auf Grund der Formel von STIRLING erhält man den folgenden Wert für die gesuchte Wahrscheinlichkeit:

$$P_{100}\,(5, 20, 25, 50) = 0,00021689.$$

Unterstellt man den Berechnungen eine Tafel der Logarithmen der Fakultäten, so ergibt sich der Wert:

$$P_{100}\,(5, 20, 25, 50) = 0,00021176.$$

Dieses Beispiel zeigt deutlich, daß die numerische Bestimmung dieser Wahrscheinlichkeit trotz der Verwendung der Näherungsformel bzw. einer Tafel recht aufwendig ist. Es ist deshalb vorteilhaft, sich asymptotischer Näherungsformeln zu bedienen. Eine solche Formel wurde von DE MOIVRE im Jahre 1730 für das Bernoullische Schema mit $p = q = \dfrac{1}{2}$ aufgestellt und später von LAPLACE verallgemeinert.

Bezeichnet man mit S_n die Zahl der Erfolge in n Bernoulli-Versuchen mit der Wahrscheinlichkeit von p, so ist die Wahrscheinlichkeit dafür, daß $S_n = m$ ist, bekanntlich gleich

$$\frac{n!}{m!\,(n-m)!}\, p^m\, q^{n-m}.$$

Sehr oft aber benötigt man die Wahrscheinlichkeit dafür, daß S_n zwischen bestimmten Grenzen α und β begriffen ist, d. h. also

$$P\,(\alpha \leqq S_n \leqq \beta).$$

Diese Wahrscheinlichkeit ist gleich der Summe

$$\frac{n!}{\alpha!\,(n-\alpha)!}\, p^\alpha\, q^{n-\alpha} + \frac{n!}{(\alpha+1)!\,(n-\alpha-1)!}\, p^{\alpha+1}\, q^{n-\alpha-1} + \cdots +$$

$$+ \frac{n!}{\beta!\,(n-\beta)!}\, p^\beta\, q^{n-\beta}.$$

Unter Umständen kann dieser Ausdruck viele Glieder umfassen und daher bei der praktischen Auswertung Mühe bereiten. DE MOIVRE (1667—1754) und LAPLACE (1749—1827) haben für solche Fälle eine Annäherung eingeführt, die für große Werte von n gilt.

Bei dieser Annäherung geht es darum, eine asymptotische Näherung für den Ausdruck

$$\frac{n!}{k!\,(n-k)!}\, p^k\, q^{n-k}$$

für ein gegen Unendlich strebendes n und bei konstantem p abzuleiten (oben wurden für k die Werte $\alpha,\ \alpha+1,\ \ldots\beta$ eingesetzt). Auf Grund der Bedingung, daß n gegen Unendlich strebt, kann hier das Gesetz der großen Zahl

$$P\left\{\frac{|S_n - np|}{n} > \varepsilon\right\} \to 0$$

angewendet werden. Hierin wird für S_n der Wert k gesetzt. Es kommt folglich auf den Ausdruck $(k - np)$ an, für welchen das Symbol d_k gesetzt werden kann. Führt man noch für die Fakultäten die entsprechenden Werte aus der Formel von STIRLING ein und geht man zu Logarithmen über, die wiederum als unendliche Reihe dargestellt werden können, so findet man die gesuchte Näherungsformel

$$\frac{1}{\sqrt{2\pi n p q}}\, e^{-\frac{d_k^2}{2 n p q}} = \frac{1}{\sqrt{n p q}} \cdot \frac{1}{\sqrt{2\pi}}\, e^{-\frac{1}{2}\left(\frac{d_k}{\sqrt{n p q}}\right)^2}.$$

Setzt man hier für den Ausdruck

$$\frac{1}{\sqrt{2\pi}}\, e^{-\frac{1}{2}\left(\frac{d_k}{\sqrt{n p q}}\right)^2}$$

das Symbol $\varphi\left(\dfrac{d_k}{\sqrt{n p q}}\right)$ ein, so ergibt sich die Näherungsformel

$$\frac{1}{\sqrt{n p q}}\, \varphi\left(\frac{d_k}{\sqrt{n p q}}\right) = h\, \varphi\left(\frac{d_k}{\sqrt{n p q}}\right)$$

wo $h = \dfrac{1}{\sqrt{n p q}}$ ist. Wird auch für $\dfrac{d_k}{\sqrt{n p q}}$ der Wert x_k gesetzt, so ergibt sich endlich die Näherungsformel

$$h\, \varphi\,(x_k).$$

Diese beruht auf den Annahmen, daß $n \to \infty$, $k \to \infty$, $\dfrac{d_k}{n} \to 0$ und $\dfrac{d_k^3}{n^2} \to 0$. Daraus folgt die gesuchte Beziehung

$$P\,(\alpha \leqq S_n \leqq \beta) \sim h\,[\varphi\,(x_\alpha) + \varphi\,(x_{\alpha+1}) + \ldots + \varphi\,(x_\beta)].$$

Für die rechte Seite dieser Beziehung, die eine Riemannsche Summe darstellt, kann der Ausdruck

$$\Phi\,(x_{\beta+\frac{1}{2}}) - \Phi\,(x_{\alpha-\frac{1}{2}})$$

eingesetzt werden, wo Φ das Integral von φ darstellt, nämlich

$$\frac{1}{\sqrt{2\pi}} \int e^{-\frac{1}{2}\left(\frac{d_k}{\sqrt{n p q}}\right)}.$$

Der Grenzwertsatz von De Moivre-Laplace wird folglich durch die Beziehung

$$P\,(\alpha \leqq S_n \leqq \beta) \sim \Phi\,(x_{\beta+\frac{1}{2}}) - \Phi\,(x_{\alpha-\frac{1}{2}})$$

wo $h x_\alpha^3 \to 0$ und $h x_\beta^3 \to 0$ gekennzeichnet.

Aus diesem Grenzwertsatz folgt die schwächere Form

$$P\,(a \leqq S_n \leqq b) \to \Phi\,(b) - \Phi\,(a)$$

wo $a < b$ ist. Die Differenz $\Phi\,(b) - \Phi\,(a)$ ist gleich

$$\frac{1}{\sqrt{2\,\pi}} \int_a^b e^{-\left(\frac{d_k}{\sqrt{npq}}\right)}.\ [1]$$

Dieser Grenzwertsatz bildet eine wichtige Grundlage der theoretischen Statistik und wurde deshalb etwas ausführlicher dargelegt. Auf ihm beruhen weitere Sätze, wie z. B. der Satz von LJAPUNOW und der lokale Grenzwertsatz. Diese seien hier nur erwähnt, sie finden sich in den meisten Lehrbüchern der Wahrscheinlichkeitsrechnung.

2.2. Informationstheorie

Jede statistische Untersuchung bezweckt, neue Kenntnisse über einen bestimmten Sachverhalt zu beschaffen oder bestehende Kenntnisse zu bestätigen. Sie zielt also auf die Gewinnung von Informationen hin. Zwischen der Information und der Theorie, die sich damit beschäftigt, nämlich der Informationstheorie, und der Statistik besteht folglich ein enger Zusammenhang. Es kann sogar behauptet werden, daß die Informationstheorie ein Teilgebiet der Wahrscheinlichkeitsrechnung und der mathematischen Statistik ist[2]. Die Beziehungen zwischen Statistik und Informationstheorie sind nun nicht erst jüngst entdeckt worden, sondern sie waren vereinzelt schon älteren Vertretern der mathematischen Statistik bekannt; so hat beispielsweise schon R. A. FISHER im Jahre 1925 darauf hingewiesen[3].

Ein zentraler Begriff der Informationstheorie ist die *Entropie,* eine aus der Thermodynamik entlehnte Bezeichnung. Es geht also vorerst darum, die Bedeutung dieses Begriffs für die Statistik kurz darzulegen.

Die Statistik beschäftigt sich mit zufälligen Ereignissen, die bis jetzt unter dem Gesichtswinkel der Wahrscheinlichkeitsrechnung betrachtet worden sind. Es handelt sich also um Ereignisse, für welche es nicht sicher ist, ob sie eintreffen werden. Es haftet ihnen folglich eine gewisse

---

[1] Für die Ableitung dieser Beziehung wird auf WILLIAM FELLER: An Introduction to Probability Theory and its Applications, Bd. 1, 2. Aufl. 1957, S. 168 ff., 3. Aufl. 1968, S. 182 f., verwiesen.

[2] Dies führt KULLBACK in der Einleitung seines Buches: Information Theory and Statistics, aus.

[3] R. A. FISHER: Theory of Statistical Estimation (Proc. Camb. Phil. Soc., Vol. 22, S. 700—725).

Unsicherheit und Unbestimmtheit an. Jede Verringerung dieser Unbestimmtheit stellt also „Information" dar oder, umgekehrt, jede Information über ein Ereignis verringert dessen Unbestimmtheit. Die Entropie stellt nun in der Informationstheorie ein Maß der Unbestimmtheit dar, woraus ihre Bedeutung für die Statistik unschwer abgeleitet werden kann. Die Unbestimmtheit bzw. Unsicherheit eines zufälligen, d. h. zufallsbedingten Ereignisses kann nun mehr oder weniger ausgeprägt sein. So wird die Unbestimmtheit beim Voraussagen des Ergebnisses eines Würfelversuchs größer sein als für das Ergebnis eines Münzenwurfs. Beim Münzenwurf besteht doch immerhin die Wahrscheinlichkeit von 50 %, das richtige Ergebnis vorauszusagen, beim Würfelversuch aber nur eine solche von 16,67 %. Die Unsicherheit der Voraussage ist also beim Würfelversuch größer. Je mehr Versuchsergebnisse möglich sind, desto größer wird auch die Unbestimmtheit sein. Diese hängt also in irgendeiner Weise mit der Anzahl der möglichen Versuchsergebnisse zusammen. Ist nur ein Versuchsergebnis möglich, so wird die Voraussage sicher sein und folglich auch keine Unbestimmtheit bestehen. In welcher Weise aber hängt die Unbestimmtheit von dieser Anzahl der möglichen Versuchsergebnisse ab, d. h. durch welche Funktion sind sie miteinander verbunden?

Um diese Frage zu beantworten, sei ein Gedankenexperiment durchgeführt. Bekanntlich haftet einem Ergebnis beim Würfelversuch, z. B. das Werfen einer Sechs, eine bestimmte Unbestimmtheit an. Stellt man sich nun aber vor, daß ein bestimmtes Ereignis beim Werfen von zwei Würfeln vorauszusagen ist (z. B. das Werfen einer Doppelsechs). Die Unbestimmtheit dieser Voraussage ist offenbar noch größer als jene beim Versuch mit einem Würfel. Nimmt man weiter sogar drei Würfel und versucht das Ereignis des Werfens von drei Sechsen vorauszusagen, so ist die Unbestimmtheit hier noch größer als beim Werfen von zwei Würfeln. Die Unbestimmtheit nimmt also nicht nur mit der Anzahl möglicher Versuchsergebnisse, sondern auch mit der Anzahl der Versuchsobjekte (hier Würfel) zu.

Die Wahrscheinlichkeitsrechnung lehrt uns, daß die Wahrscheinlichkeit, mit zwei Würfeln zwei Sechsen zu werfen, gleich ist dem Produkt aus den Wahrscheinlichkeiten der Elementarereignisse, hier also das Werfen einer Sechs mit einem Würfel. Wie sind aber die Unbestimmtheiten dieser Elementarereignisse miteinander verbunden? Die Unbestimmtheit nimmt beim Versuch mit zwei Würfeln, drei Würfeln usw. bekanntlich zu, d. h. zur Unbestimmtheit beim Versuch mit dem einen Würfel tritt jene beim Versuch mit dem zweiten Würfel usw. hinzu. Es kann also als einfachste Zunahmefunktion angenommen werden, daß sich die Unbestimmtheiten addieren. Der Multiplikation der Wahrscheinlichkeiten steht also die Addition der Unbestimmtheiten gegenüber.

Die Einführung der Additionsfunktion könnte hier als willkürlich bezeichnet werden. Dem ist aber nicht so, wie das folgende Beispiel zeigen dürfte[1]. Es seien zwei voneinander unabhängige Probleme zu lösen. Das erste Problem läßt L_1, das zweite Problem L_2 Lösungen zu. Die Gesamtzahl aller möglichen Lösungspaare, d. h. die Lösung beider Probleme, ist demnach gleich $L_0 = L_1 \cdot L_2$. Zur Lösung des ersten Problems sollen J_1 Informationen und zur Lösung des zweiten Problems J_2 Informationen notwendig sein. Zur Lösung beider Probleme sind nun $J_1 + J_2$ Informationen notwendig, da zu den für die Lösung des ersten Problems notwendigen Informationen die zur Lösung des zweiten Problems notwendigen Informationen hinzuzuzählen sind. Wiederum steht hier einer multiplikativen eine additive Verkettung gegenüber.

Das Entsprechungsverhältnis zwischen einer Multiplikation und einer Addition ist aber nur durch eine logarithmische Funktion gewährleistet. Die Beziehung

$$f(p_1 \cdot p_2) = f(p_1) + f(p_2)$$

besteht nur dann zu Recht, wenn die Beziehung

$$\log(p_1 \cdot p_2) = \log p_1 + \log p_2$$

eingeführt wird. Es zeigt sich also, daß die Unbestimmtheit durch eine logarithmische Funktion dargestellt werden kann. Dabei ist es grundsätzlich gleichgültig, welche Logarithmen, d. h. welche Basen der Logarithmen man wählt; diese beeinflussen nur die Maßeinheit der Unbestimmtheit. Den Zehnerlogarithmen entspricht in der Informationstheorie als Maßeinheit das Hartley, so benannt nach R. V. HARTLEY, der diesen Maßstab zuerst vorgeschlagen hatte[2]. Verwendet man natürliche Logarithmen, so heißt die Maßeinheit ein Nat (natural unit). Legt man aber den Logarithmen die Basis 2 zugrunde, so hat man es mit Bit (binary unit) als Maßeinheit zu tun. Dabei gelten die folgenden Entsprechungsverhältnisse:

$$1 \text{ Hartley} = 3,32 \text{ Bits}$$
$$1 \text{ Nat} \quad\ = 1,44 \text{ Bits.}$$

Die Wahl der Basis 2 der Logarithmen entspricht der Wahl der Unbestimmtheit eines Versuches mit zwei möglichen Ergebnissen (z. B. Münzenversuch) als Unbestimmtheits-Einheit. In diesem Falle entspricht

---

[1] BILLETER, ERNST P.: Der praktische Einsatz von Datenverarbeitungssystemen, 3. Aufl. (Wien—New York: Springer 1968, S. 7 ff.).

[2] HARTLEY, R. V.: Transmission of Information (Bell System Techn. J., Vol. 7, 1928, S. 535—563).

also der Wahrscheinlichkeit $p = 1/2$ die Unbestimmtheit 1 Bit. Um diese Unbestimmtheit aufzuheben, ist also eine Information von 1 Bit notwendig. Daraus folgt die Beziehung:

$$J(E) = \log_2 \frac{1}{P(E)} = \log_2 \frac{1}{p} \tag{6}$$

denn $\log_2 2 = 1 = J(E)$. Bezeichnet E ein Ereignis, dem eine Wahrscheinlichkeit $P(E) = p$ zukommt, so beträgt die Information, die uns über den Ausgang dieses Ereignisses Sicherheit vermittelt, $J(E)$ Informationseinheiten (z. B. Bits). Unterstellt man aber den Untersuchungen Zehnerlogarithmen, so bedeutet dies, daß die Unbestimmtheits-Einheit durch die Unbestimmtheit eines Versuchs mit zehn möglichen Resultaten gekennzeichnet ist.

Es sind, so wollen wir annehmen, n Ereignisse E_1, E_2, ... E_n eingetreten, die alle gleichwahrscheinlich sind. Unter dieser Annahme sind ihre Wahrscheinlichkeiten $p_1 = p_2 = \ldots = p_n = \dfrac{1}{n}$. Die Informationsmenge, die durch jedes dieser Ereignisse gewonnen wird, stellt sich auf Grund der Formel (6) auf

$$J(E_1) = \log_2 \frac{1}{p_1} \quad J(E_2) = \log_2 \frac{1}{p_2} \quad \ldots J(E_n) = \log_2 \frac{1}{p_n}.$$

Setzt man hier für $p_1, p_2, \ldots p_n$ die Werte $1/n$ ein, so ergeben sich die folgenden Informationsmengen:

$$J(E_1) = J(E_2) = \ldots = J(E_n) = \log_2 n.$$

Auf Grund der bisherigen Feststellungen ergibt sich somit das folgende Schema:

Ereignisse	E_1	E_2	$\ldots E_n$
Wahrscheinlichkeiten	$p_1 = 1/n$	$p_2 = 1/n$	$\ldots p_n = 1/n$
Informationsmengen	$J(E_1) =$	$J(E_2) =$	$\ldots J(E_n)$
	$= \log_2 n$	$= \log_2 n.$	$= \log_2 n$

Wendet man diese Ergebnisse beispielsweise auf das Würfelmodell an, für welches das Ereignis E_1 das Werfen einer Eins, das Ereignis E_2 das Werfen einer Zwei usw. bezeichnen, so ergeben sich die Wahrscheinlichkeiten $p_1 = p_2 = \ldots p_6 = 1/6$ und die entsprechenden Informationsmengen $J(E_1) = J(E_2) = \ldots = J(E_6) = \log_2 6$.

Nun sind aber Fälle möglich, bei welchen dies nicht zutrifft; so beispielsweise beim Kartenmodell (52 Spielkarten), bei welchem die Ereignisse folgendermaßen definiert sind:

E_1 Ziehen einer As-Karte

E_2 Ziehen eines Königs, einer Dame oder eines Bauern

E_3 Ziehen einer 10, 9, 8, . . . 2

Die entsprechenden Wahrscheinlichkeiten sind

$$p_1 = \frac{4}{52} \quad p_2 = \frac{12}{52} \quad p_3 = \frac{36}{52}$$

d. h. sie sind untereinander verschieden. Die entsprechenden Informationsmengen stellen sich folglich auf:

$$J\,(E_1) = \log_2 \frac{52}{4} \quad J\,(E_2) = \log_2 \frac{52}{12} \quad J\,(E_3) = \log_2 \frac{52}{36}.$$

Bei solchen und ähnlichen Problemen stellt sich die Frage nach der durchschnittlichen Informationsmenge, da ja die einzelnen Informationsmengen ungleich sind. Der Informationsmenge $J\,(E_i)$, $i = 1, 2, \ldots n$, kommt die Wahrscheinlichkeit p_i zu. Die durchschnittliche Informationsmenge ist folglich gleich der Summe aus den mit den entsprechenden Wahrscheinlichkeiten multiplizierten einzelnen Informationsmengen[1]. Der Wert der durchschnittlichen Informationsmenge J ist also gleich:

$$J = \sum_{i=1}^{n} p_i \log_2 \frac{1}{p_i} = \sum_{i=1}^{n} p_i \,(\log_2 1 - \log_2 p_i)$$

da aber $\log_2 1 = 0$ ist, ergibt sich die Beziehung:

$$J = - \sum_{i=1}^{n} p_i \log_2 p_i.$$

Da die Informationsmenge die dem Versuch innewohnende Unbestimmtheit bekanntlich verringert und da diese Unbestimmtheit in der Informationstheorie durch die eingangs erwähnte Entropie gemessen wird, stellt die durchschnittliche Informationsmenge also ein Maß der dem Versuch innewohnenden Unbestimmtheit dar. Es ist deshalb naheliegend, diese durchschnittliche Informationsmenge als einen Ausdruck der Entropie des Versuchs zu betrachten. Da die Entropie in der Informationstheorie üblicherweise durch den Buchstaben H gekennzeichnet wird, soll

---

[1] Diese Summe muß noch durch die Summe der Wahrscheinlichkeiten dividiert werden, die aber gleich Eins ist.

dieser auch hier benützt werden; es ergibt sich somit für die Entropie die folgende Beziehung:

$$H = -\sum_{i=1}^{n} p_i \log_2 p_i. \tag{7}$$

Ist für ein Ereignis die Wahrscheinlichkeit gleich Null, d. h. handelt es sich um ein unmögliches Ereignis, so hat die Frage nach der Unbestimmtheit oder Entropie wenig Sinn. In diesem Falle wird der Ausdruck $p \log_2 p = 0$ gesetzt; es wird also angenommen, daß sich dieser Ausdruck für kleiner werdende Werte von p dem Grenzwert Null nähert. Ist die Wahrscheinlichkeit eines Ereignisses aber gleich Eins, d. h. handelt es sich um ein sicheres Ereignis, besteht in diesem Falle keine Unbestimmtheit; der Wert der Entropie ist dann gleich $H = \log_2 1 = 0$.[1] Es zeigt sich also, daß die Entropie oder der Grad der Unbestimmtheit bei den Wahrscheinlichkeiten Null und Eins eines Ereignisses gleich Null ist. Zwischen diesen Grenzwerten nimmt die Entropie Werte an, die von Null verschieden sind. Für welche Wahrscheinlichkeiten, so stellt sich die Frage, ergibt sich die größte Unbestimmtheit?

Vereinfachend soll angenommen werden, daß ein Ereignis eintreffen kann oder nicht. Diesem kann also eine bestimmte Wahrscheinlichkeit und die entsprechende Gegenwahrscheinlichkeit, d. h. deren Ergänzung auf eins, zugeordnet werden. Nun kann man die Wahrscheinlichkeit systematisch verändern und jedesmal das Ausmaß der Unbestimmtheit, d. h. die Entropie [nach der Formel (7)] berechnen. Die Rechenergebnisse sind nachfolgend zusammengestellt.

Wahrscheinlichkeiten p	Entropie $H(p)$
0	0
0,1	0,46900
0,2	0,72193
0,3	0,88129
0,4	0,97094
0,5	1,00000
0,6	0,97094
0,7	0,88129
0,8	0,72193
0,9	0,46900
1,0	0

Diese Werte für $H(p)$ wurden auf Grund der Beziehung

$$H(p) = -p \log_2 p - (1-p) \log_2 (1-p)$$

---

[1] Allen anderen Ereignissen kommt dann die Wahrscheinlichkeit Null zu.

gewonnen. Die Maßeinheit ist hier folglich das Bit. Diese Werte sind in der Abb. 1 graphisch dargestellt. Es zeigt sich, daß die Kurve symmetrisch bezüglich dem Werte $p = 0,5$ ist, für welchen sich der Scheitelwert 1 ergibt. Daraus folgt, daß die Unbestimmtheit bzw. die Entropie gleich Null ist, wenn $p = 0$ oder $p = 1$ ist. Für Ereignisse, die sicher eintreffen $(p = 1)$ oder unmöglich sind $(p = 0)$ besteht selbstverständlich

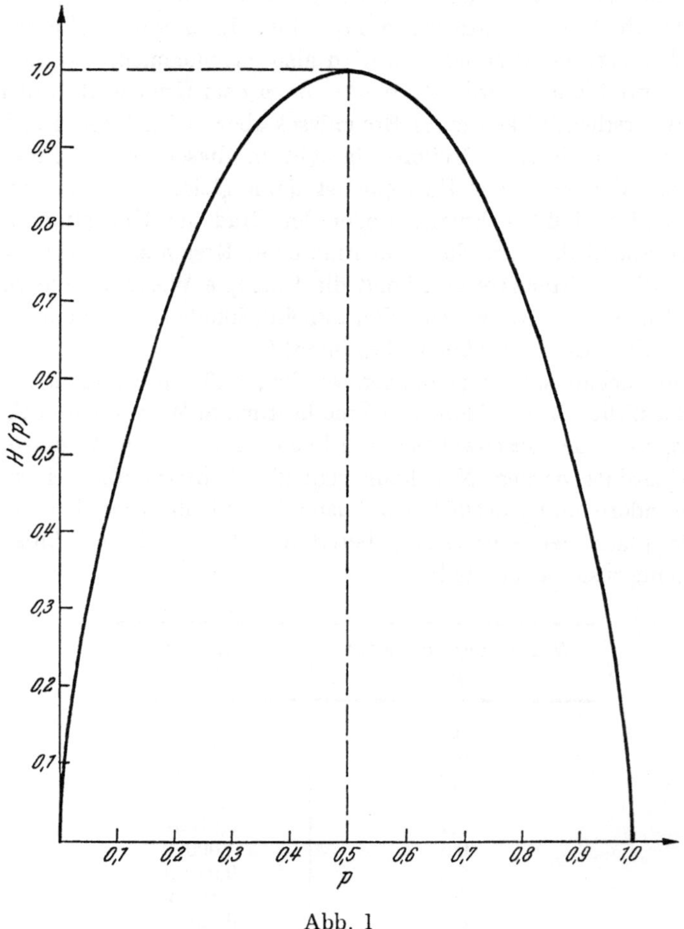

Abb. 1

keine Unbestimmtheit. Diese wird hingegen am größten $[H(p) = 1]$, wenn die Wahrscheinlichkeit $p = 0,5$ ist, d. h. wenn das Eintreffen oder Nichteintreffen eines Ereignisses gleichwahrscheinlich ist. Ganz allgemein kann man sagen, daß für die k Ereignisse $E_1, E_2, \ldots E_k$, welchen je die Wahrscheinlichkeiten $1/k$ zugeordnet worden sind (Gleichwahrscheinlichkeit), die Unbestimmtheit oder Entropie am größten wird.

Die Anwendungsmöglichkeit des Begriffs der Entropie in der Wahrscheinlichkeitsrechnung soll auf Grund eines einfachen Beispiels veranschaulicht werden. Es sind zwei Urnen gegeben, von welchen die erste Urne, U_1, drei weiße, vier schwarze, fünf rote und sechs grüne Kugeln, die zweite Urne, U_2, aber vier weiße, fünf schwarze, sechs rote und sieben grüne Kugeln enthält. Jede der beiden Urnen wird je einer Person zugeteilt, die vor der Ziehung einer Kugel sagen muß, welche Farbe die zu ziehende Kugel haben wird. Welche der beiden Personen läuft das kleinere Risiko, eine Fehlprognose zu machen?

Das kleinere Risiko ist offenbar mit jener Urne verknüpft, für welche die Unbestimmtheit oder die Entropie am kleinsten ist. Um die gestellte Frage beantworten zu können, müssen also die den beiden Urnen entsprechenden Entropien berechnet werden. Der Rechengang und die Ergebnisse sind nachfolgend zusammengestellt.

Urne 1		Urne 2	
Wahrscheinlichkeiten p_i	$-p_i \log_2 p_i$	Wahrscheinlichkeiten p_i	$-p_i \log_2 p_i$
3/18 = 0,167	0,42240	4/22 = 0,182	0,44735
4/18 = 0,223	0,48277	5/22 = 0,228	0,48630
5/18 = 0,278	0,51341	6/22 = 0,273	0,51134
6/18 = 0,332	0,52811	7/22 = 0,317	0,52541
Summe 1,000		1,000	
$H(p)$	1,94669		1,97040

Es zeigt sich also, daß die Entropie bei der zweiten Urne etwas größer ist als bei der ersten Urne. Dies besagt, daß die Unbestimmtheit und somit das Risiko der Versuchsperson für die zweite Urne etwas größer ist. Es wäre also beispielsweise nicht gerechtfertigt, für beide Personen die gleichen Wetteinsätze zu verlangen.

Die Werte der Entropie sind in diesem Beispiel größer als der Wert Eins, der sich für den Fall einer Wahrscheinlichkeit und deren Gegenwahrscheinlichkeit ergibt. Im vorliegenden Falle erreicht die Entropie ihren Größtwert, wenn allen Ereignissen die gleiche Wahrscheinlichkeit zugeordnet wird. Unter dieser Voraussetzung ergibt sich für den maximalen Wert der Entropie der Wert

$$H(p)_{\max} = -4\,p \log_2 p$$

wo $p = 1/k$ und $k = 4$ ist. Es ergibt sich somit die Beziehung

$$H(p)_{\max} = -4\,\frac{1}{4} \log_2 \frac{1}{4} = \log_2 k = 2.$$

Der größte Wert der Entropie stellt sich also für das angeführte Beispiel auf 2 Bits, verglichen mit 1,94669 Bits für die erste Urne und 1,97040 Bits für die zweite Urne.

Bis jetzt wurde angenommen, daß ein Versuch durchgeführt wird, bei welchem verschiedene Ereignisse, $E_1, E_2, \ldots E_n$, mit entsprechenden Wahrscheinlichkeiten eintreten können. Nun soll aber neben diesem Versuch ein anderer, von ihm unabhängiger Versuch angenommen werden, bei welchem sich die Ereignisse $A_1, A_2, \ldots A_n$ mit entsprechenden Wahrscheinlichkeiten einstellen können. Wie groß ist nun die Unbestimmtheit bei der Koppelung beider Versuche? Bezeichnet man den ersten Versuch mit V_1 und den zweiten Versuch mit V_2, so kann nach der Entropie bei der Vereinigung dieser beiden Versuche, d. h. nach dem Ausdruck $H(V_1 V_2)$, gefragt werden.

Bei der Vereinigung der beiden Versuche ergeben sich die folgenden möglichen Vereinigungen von Ereignissen:

$$
\begin{aligned}
&E_1 A_1 \quad\quad E_1 A_2 \ldots E_1 A_n \\
&E_2 A_1 \quad\quad E_2 A_2 \ldots E_2 A_n \\
&\,\cdots\cdots\cdots\cdots\cdots\cdots\cdots \\
&E_n A_1 \quad\quad E_n A_2 \ldots E_n A_n.
\end{aligned}
$$

Für die Entropie nach der Vereinigung der beiden Versuche findet sich der folgende Ausdruck:

$$
\begin{aligned}
H(V_1 V_2) = &- p(E_1 A_1) \log_2 p(E_1 A_1) - \ldots - p(E_1 A_n) \log_2 p(E_1 A_n) - \\
&- p(E_2 A_1) \log_2 p(E_2 A_1) - \ldots - p(E_2 A_n) \log_2 p(E_2 A_n) - \\
&\cdots\cdots\cdots\cdots\cdots\cdots\cdots\cdots\cdots\cdots\cdots\cdots\cdots\cdots\cdots \\
&- p(E_n A_1) \log_2 p(E_n A_1) - \ldots - p(E_n A_n) \log_2 p(E_n A_n)
\end{aligned}
$$

wo $p(E_i A_j)$ gleichbedeutend ist $p(E_i \cap A_j)$. Berücksichtigt man, daß

$$
p(E_i A_j) = p(E_i) \, p(A_j)
$$

ist, so findet man nach einigen Umformungen die Beziehung

$$
H(V_1 V_2) = H(V_1) + H(V_2).
$$

Sind nun aber die beiden Versuche voneinander nicht unabhängig, so gilt nunmehr:

$$
p(E_i A_i) = p(E_i) \, p(A_j \mid E_i).
$$

Daraus folgt für die Entropie bei abhängigen Versuchen die Beziehung

$$
H(V_1 V_2) = H(V_1) + H(V_2 \mid V_1)
$$

wobei $H(V_2 \mid V_1)$ die (durchschnittliche) Entropie des Versuchs V_2 bedeutet, wenn der Versuch V_1 stattgefunden hat. Diese beiden Beziehungen für

$H(V_1 V_2)$ bei unabhängigen und abhängigen Versuchen stellen das *Gesetz der totalen Entropien* dar. Der Wert für $H(V_1 | V_2)$ wird gewonnen, wenn statt der einfachen Wahrscheinlichkeiten die entsprechenden bedingten Wahrscheinlichkeiten eingeführt werden. Es ist nämlich

$$H(V_2 | E_i) = - p(A_1 | E_i) \log_2 p(A_1 | E_i) - \ldots - p(A_n | E_i) \log_2 p(A_n | E_i).$$

Weiter besteht die Beziehung:

$$H(V_2 | V_1) = p(E_1) H(V_2 | E_1) + p(E_2) H(V_2 | E_2) + \ldots + p(E_n) H(V_2 | E_n).$$

Es zeigt sich weiter, daß zwischen der einfachen Entropie, $H(V_2)$, und der bedingten Entropie, $H(V_2 | V_1)$, die folgende Beziehung besteht:

$$H(V_2) \geqq H(V_2 | V_1) \geqq 0,$$

d. h. daß die Kenntnis des Versuchsergebnisses V_1 die Unbestimmtheit des vom Versuch V_1 abhängigen Versuchsergebnisses V_2 vermindert. Die Beziehung $H(V_2) = H(V_2 | V_1)$ gilt nur dann, wenn das Versuchsergebnis V_2 vom Versuch V_1 unabhängig ist.

Nachdem nun die Bedeutung der Entropie für die Wahrscheinlichkeitsrechnung augenfällig geworden ist, stellt sich das eingangs aufgeworfene Problem der Bedeutung des Begriffs der Information für die Statistik. Wir haben schon gesehen, daß die Entropie durch Informationen verringert werden kann, da diese dazu beitragen, die Unbestimmtheit eines Ereignisses herabzusetzen. Die Entropie eines Ereignisses kann deshalb als ein Maß des Informationsgehaltes betrachtet werden, der diesem Ereignis eigen ist. Ist die Entropie eines Ereignisses klein, so bedeutet dies, daß der Informationsgehalt des Ereignisses weitgehend ausgeschöpft ist, und umgekehrt deutet ein hoher Wert der Entropie darauf hin, daß der Informationsgehalt des betreffenden Ereignisses noch weiter ausgeschöpft werden könnte.

Nun ist es möglich, die Information über ein Ereignis bzw. einen Versuch durch die Kenntnis eines anderen, von diesem abhängigen Ereignisses bzw. Versuches zu erhöhen. Diese Feststellung gründet sich auf die bekannte Beziehung

$$H(V_2) \geqq H(V_2 V_1).$$

Die Differenz

$$H(V_2) - H(V_2 V_1) = J(V_1, V_2) = J(V_2, V_1)$$

die bei abhängigen Versuchen stets ungleich Null ist, kann als ein Maß der Information betrachtet werden, die aus dem den Versuch V_2 beeinflussenden Versuch V_1 gewonnen wird. Die Entropie eines Versuches V_1 ist folglich, wie eingangs schon festgestellt worden ist, gleich der Information, die gewonnen werden kann, wenn dieser Versuch durchgeführt wird.

Die Nützlichkeit der Begriffe der Entropie und der Information soll an Hand von Beispielen aufgezeigt werden. Ein Wanderer, der in eine bestimmte Ortschaft gelangen will, kommt auf seinem Wege in ein Dorf. Hier gabelt sich der Weg, und unser Wanderer weiß nun nicht, welchen der beiden Wege a oder b er weiter einschlagen soll. Er beschließt deshalb, sich in diesem Dorf danach zu erkundigen. Es besteht aber die Eigentümlichkeit, daß die Hälfte der Einwohner stets die Wahrheit sagt, die andere Hälfte aber stets lügt. Es soll weiter angenommen werden, daß diese Einwohner auf jede Frage nur mit Ja oder Nein antworten. Wie viele Fragen muß unser Wanderer wenigstens stellen, um trotz dieser Eigentümlichkeit der Dorfbewohner den richtigen Weg in Erfahrung zu bringen?

Für den Wanderer besteht die maximale Unbestimmtheit bezüglich der beiden Wege, d. h. für ihn kommt beiden Wegen die gleiche Wahrscheinlichkeit zu, sie zu wählen. Weiter besteht für ihn die Wahrscheinlichkeit $1/2$, eine Person zu befragen, die lügt, oder eine solche zu fragen, die nicht lügt. Die Wahrscheinlichkeit, eine Person zu befragen, die lügt (bzw. nicht lügt), und die Antwort zu erhalten, der richtige Weg sei der Weg a (bzw. der Weg b), ist bekanntlich $(1/2)\,(1/2) = 1/4$. Für den Wanderer bestehen somit vier gleichwahrscheinliche Möglichkeiten, die in der folgenden Zusammenstellung übersichtlich dargestellt sind.

Befragte Person	Antwort	
	Weg a	Weg b
lügt	E_{11}	E_{12}
lügt nicht	E_{21}	E_{22}

Jeder Möglichkeit kommt bekanntlich die Wahrscheinlichkeit $1/4$ zu. Die entsprechende Entropie ist gleich

$$H\,(E) = -\,4\,(1/4)\,\log_2\,(1/4) = \log_2 4 \text{ Bits.}$$

Um diese Unbestimmtheit aufzuheben, sind eine oder mehrere Fragen an eine beliebige Person zu stellen. Diese aber antwortet nun mit Ja oder Nein, wobei jeder der beiden möglichen Antworten die gleiche Wahrscheinlichkeit zukommt. Die Information, die auf eine Frage erhalten werden kann, ist folglich [nach Formel (6)]:

$$J_1 = \log_2\,(1/p) = \log_2 2.$$

Für n Fragen bzw. n Antworten ergibt sich also die Informationsmenge

$$J_n = n \log_2 2$$

denn die Informationen sind miteinander additiv verbunden. Nun muß aber

$$J_n \geqq H\,(E)$$

sein, damit die bestehende Unbestimmtheit aufgehoben werden kann. Daraus folgt:

$$n \log_2 2 \geqq \log_2 4$$

oder

$$\log_2 2^n \geqq \log_2 4.$$

Nach dieser Beziehung muß n mindestens gleich Zwei sein, d. h. der Wanderer hat wenigstens zwei Fragen zu stellen. Die erste der beiden Fragen dient dazu, festzustellen, ob es sich bei der befragten Person um eine Person handelt, die lügt.

Ein bekanntes Beispiel ist das folgende. Gegeben sind N Münzen, unter welchen eine zu schwer oder zu leicht ist. Wie viele Wägungen sind notwendig, um diese ungleich beschaffene Münze herauszufinden? Es wird angenommen, daß nur eine Kippwaage ohne Gewichtssteine verfügbar ist. Der Versuch hat N mögliche Ergebnisse, die alle gleichwahrscheinlich sind. Die gesuchte ungleich beschaffene Münze kann eine der N gegebenen Münzen sein. Die Entropie stellt sich folglich auf

$$H\,(E) = \log_2 N.$$

Die Wägung der Münzen weist drei mögliche Resultate auf; entweder senkt sich die rechte Schale der Waage und die linke hebt sich oder die rechte Schale hebt sich und die linke senkt sich oder aber beide Schalen halten sich das Gleichgewicht. Jede Wägung vermittelt eine Information. Da die drei möglichen Wägeergebnisse als gleichwahrscheinlich angenommen werden können, stellt sich die Information einer Wägung auf

$$J_1 = \log_2 3.$$

Nun sind aber n Wägungen durchzuführen, deren Informationen mindestens gleich der gegebenen Entropie sein muß. Es ergibt sich also die folgende Beziehung:

$$J_n \geqq H\,(E)$$

das heißt

$$n \log_2 3 \geqq \log_2 N \quad \text{oder} \quad \log_2 3^n \geqq \log_2 N$$

woraus sich das Ergebnis

$$n \geqq \frac{\log_2 N}{\log_2 3}$$

bestimmen läßt. Für $N = 30$ findet man das Ergebnis $n \geq 3{,}0959$. Da n aber ganzzahlig sein muß, kann nur $n \geqq 4$ berücksichtigt werden. Dies besagt, daß im vorliegenden Falle mindestens vier Wägungen durchzuführen sind.

Man könnte weiter fragen, ob die ungleich beschaffene Münze schwerer oder leichter als die Normalmünze ist. Legt man wiederum N Münzen zugrunde, so kann die ungleich beschaffene Münze bekanntlich schwerer oder leichter sein. Die Zahl der Möglichkeiten ist nunmehr also $2\,N$ und die Entropie

$$H\,(E) = \log_2 3\,N.$$

Die Mindestzahl der Wägungen, die notwendig sind, um die gestellte Frage beantworten zu können, läßt sich also aus der folgenden Beziehung bestimmen:

$$n \log_2 3 \geqq \log_2 2\,N.$$

Für $N = 30$, wie im vorangegangenen Beispiel, ist diese Mindestzahl gleich $n \geq 3{,}7269$. Da auch hier Ganzzahligkeit des Ergebnisses vorausgesetzt ist, könnte also ebenfalls mit mindestens vier Wägungen, wie im vorhergehenden Beispiel, überdies festgestellt werden, ob die gesuchte Münze schwerer oder leichter als eine Normalmünze ist.

Die Tatsache, daß statistische Daten und statistische Methoden auch unter dem Gesichtswinkel der Informationstheorie betrachtet werden können, hat — worauf eingangs kurz hingewiesen worden ist — schon R. A. FISHER erkannt. Es soll deshalb abschließend kurz auf die Gedankengänge dieses Statistikers eingegangen werden.

Wie schon erwähnt worden ist, finden sich Ansätze zur Einführung des Informationsbegriffs in der im Jahre 1925 veröffentlichten Arbeit von R. A. FISHER, die den Titel trägt: Theory of Statistical Estimation[1]. Die in dieser Arbeit dargelegten Überlegungen finden sich etwas ausführlicher in einer weiteren Arbeit von R. A. FISHER[2]. Er bezeichnet die Informationsmenge, die durch einen beliebigen Wert in einer Stichprobe erhältlich ist, mit i; die durch eine Stichprobe gelieferte gesamte Infor-

---

[1] Proc. Cambr. Phil. Soc., Vol. XXII, Pt. 5, S. 700—725, abgedruckt in: Contributions to Mathematical Statistics, New York 1950.

[2] The Logic of Inductive Inference (J. R. Statist. Soc., Vol. XCVIII, Pt. I, 1935, S. 39—54; abgedruckt in: Contributions to Mathematical Statistics, New York 1950).

mationsmenge wird durch den Buchstaben J gekennzeichnet. Diese gesamte Informationsmenge ist folglich

$$J = n\,i$$

worin n die Anzahl Werte in der Stichprobe bezeichnet[1]. Nun definiert R. A. FISHER die gesamte Informationsmenge als eine Größe, die dem Ausmaß der Gruppierung der einzelnen Merkmalswerte um einen für diese Merkmalswerte typischen Wert umgekehrt proportional ist. Das Ausmaß dieser Gruppierung wird in der Statistik als Streuung bezeichnet und durch das Streuungsmaß σ^2 dargestellt[2]. Nach R. A. FISHER ist die gesamte Informationsmenge J durch die folgende Beziehung gekennzeichnet

$$J = \frac{1}{\sigma^2}.$$

Der Wert $1/\sigma^2$ wird als Invarianz bezeichnet. Die durch einen beliebigen Wert der Stichprobe abgegebene Informationsmenge ist dann gleich

$$i = \frac{1}{n\,\sigma^2}.$$

Weiter ist

$$i = \frac{1}{n\,\sigma^2} = \Sigma\left\{\frac{1}{f}\left(\frac{\delta f}{\delta\Theta}\right)^2\right\}.$$

In dieser Beziehung stellt f die Häufigkeit eines bestimmten Merkmalswertes und Θ einen Parameter unbekannter Größe in der Beziehung

$$\Phi = \frac{1}{\sqrt{2\,\pi\,\sigma^2}}\, e^{-\frac{(T-\Theta)}{2\,\sigma^2}}\, dT$$

(T ist eine Schätzung des Parameters Θ) dar. Die Schätzmethode ist hier also die der maximalen Mutmaßlichkeit (maximum likelihood).

R. A. FISHER mißt der Informationsmenge i eine große Bedeutung als inneres Wesensmerkmal der Grundgesamtheit zu, aus der die Stichprobe entnommen worden ist. Der Informationsgehalt eines Beobachtungswertes vermittelt eine Aussage über die innere Genauigkeit, mit welcher ein Parameter der zugrunde gelegten Verteilung ermittelt werden kann. So können beispielsweise hinreichende Schätzwerte (sufficient estimates)

---

[1] Eine Stichprobe ist eine aus einer Gesamtheit von Elementen zufällig herausgegriffene Teilgesamtheit von Elementen. Auf die damit verbundene Theorie wird in einem weiteren Buche eingegangen werden.

[2] Auf die Streuungsmaße wird im Kapitel über statistische Parameter näher eingegangen.

aus endlich großen Stichproben als Träger des gesamten Informationsgehaltes der Merkmalswerte betrachtet werden. Es ist allerdings zu beden-
ken, daß die aus einem Schätzwert gewonnene Information niemals die
gesamte Informationsmenge aller Merkmalswerte übertreffen kann. Weiter ist festzustellen, daß Informationsmengen, die aus statistisch unabhängigen Merkmalswerten gewonnen worden sind, additiv verknüpft werden können.

Der enge Zusammenhang zwischen dem Begriff der Information und
dem der Entropie ist auch schon von R. A. FISHER in seiner im Jahre
1935 erschienenen und schon erwähnten Arbeit herausgehoben worden.
Er weist diesbezüglich auch darauf hin, daß umkehrbare oder reversible
Prozesse, wie z. B. einwertige mathematische Transformationen, Über-
setzungen in fremde Sprachen, keinen Informationsverlust mit sich bringen; daß aber nichtumkehrbare oder irreversible Prozesse, wie sie bei
statistischen Schätzverfahren bestehen, für welche die ursprünglichen
Merkmalswerte nicht mehr rekonstruiert werden können, mit einem
Informationsverlust verbunden sein können und jedenfalls nie einen
Informationsgewinn bringen werden. Daraus folgt, daß sehr oft ein statistischer Schätzwert einen meßbaren Informationsgehalt in den ursprünglichen Merkmalswerten ungenutzt läßt. Wie, so stellt R. A. FISHER die
Frage, kann auch dieser ungenutzte Informationsgehalt ebenfalls verwertet werden? Er beantwortet diese Frage, indem er sagt, daß der
ungenutzte Informationsgehalt solcher Schätzwerte durch ergänzende statistische Maßzahlen (ancillary statistics) verwertet werden kann. Darunter versteht er Maßzahlen, die nichts über den Schätzwert selber aus-
sagen, die jedoch zu beurteilen ermöglichen, wie wirkungsvoll die Aussage des betreffenden Schätzwertes ist.

Die statistische Methodenlehre bezweckt also, dem Statistiker Werk-
zeuge in die Hand zu geben, mit welchen er einen möglichst hohen Informationsgehalt aus dem gegebenen statistischen Zahlenmaterial heraus-
holen soll. Dabei hat er also die für eine bestimmte statistische Aussage,
die aus dem gegebenen Zahlenmaterial zu gewinnen ist, wirkungsvollsten
und deshalb zweckmäßigsten statistischen Methoden zu wählen. Unter
Umständen hat er aber noch vorgängig dieser Wahl das statistische Zahlenmaterial in bestimmter Weise zu bearbeiten. Der Informationsgehalt
einer statistischen Maßzahl ist aber auch von der mehr oder weniger
großen Zuverlässigkeit des statistischen Zahlenmaterials abhängig. Eine
noch so zweckmäßig ausgewählte statistische Untersuchungsmethode, die
auf ein wenig zuverlässiges statistisches Zahlenmaterial angewendet wird,
kann kaum einen hohen Informationsgehalt zutage fördern. Die Pflicht
des Statistikers ist es also, einerseits das einer Untersuchung zugrunde
gelegte statistische Zahlenmaterial auf seine Zuverlässigkeit hin genau
zu prüfen und andrerseits die für eine bestimmte Aufgabenstellung

zweckmäßigste statistische Methode zu wählen. Zu diesem Zwecke ist es aber auch notwendig, daß er sich vorher genau über die Aufgabenstellung im klaren ist. Die Probleme der Prüfung des zugrunde liegenden statistischen Zahlenmaterials und der genauen Abklärung der Fragestellung sind vorwiegend praxisausgerichtet, weshalb im Rahmen der nachfolgenden Ausführungen darauf nicht eingegangen werden soll. Hingegen sollen die nachfolgenden Ausführungen einen Querschnitt durch das Instrumentarium der statistischen Methodenlehre vermitteln, um es dem Leser dadurch zu ermöglichen, in bestimmten Fällen die zweckmäßige statistische Methode zu wählen, um damit die Entropie einer statistischen Aussage möglichst klein zu halten.

3. Beschreibende Grundverfahren der Statistik

3.1. Begriffe

Die Statistik befaßt sich mit Massenerscheinungen. Dabei stellt sie auf die Häufigkeiten bestimmter Merkmale ab, die in einer aus Untersuchungsobjekten oder Elementen gebildeten Menge vorkommen. Das *Element* bildet also die Grundlage jeder statistischen Untersuchung. Es ist deshalb sehr wichtig, daß bei jeder statistischen Untersuchung das Element genau umschrieben wird, um Fehler zu vermeiden, die durch eine unklare Umschreibung des Elements entstehen könnten. Ein Element ist die einer bestimmten statistischen Untersuchung entsprechende und diesbezüglich kleinste und nicht weiter teilbare Zähleinheit. Ein solches Element kann je nach dem statistischen Untersuchungszweck eine Person, ein bestimmtes Produkt, ein Unfall usw. sein.

Die Gesamtheit all dieser Elemente bildet eine *Menge*. Die Darstellung einer Grundgesamtheit als Menge hat den Vorteil, daß auf sie die Regeln der Mengenlehre angewendet werden können, was für das Verständnis eines gegebenen Sachverhalts sehr oft nützlich ist. Die *Grundgesamtheit* ist dabei die einer bestimmten statistischen Untersuchung zugrunde gelegte Menge von Elementen. Mengen können nun unterteilt werden in Bestandes- und Ereignismengen. *Bestandesmengen* sind Mengen, deren Elemente einen Zustand kennzeichnen (z. B. die Einwohner eines Landes). *Ereignismengen* aber sind Mengen, deren Elemente Ereignisse darstellen (z. B. Todesfälle in einem Lande, Geburten in einer Stadt, Telefonanrufe). Die Bestandesmengen ihrerseits können stabil oder labil sein. Bei *stabilen Bestandesmengen* bleibt die Anzahl der Elemente in dieser Menge unverändert; bei *labilen Bestandesmengen* hingegen ändert sich die Anzahl der zu dieser Menge gehörigen Elemente. Stabile Bestandesmengen können weiter in statische und stationäre Mengen aufgegliedert werden. Bei *statischen stabilen Bestandesmengen* verharren die Elemente in der Menge; bei *stationären stabilen Bestandesmengen* aber werden ausscheidende Elemente immer wieder durch andere neue ersetzt. Eine weitere Unterscheidung endlich betrifft offene und geschlossene Mengen. *Offene Mengen* sind zeitlich nicht abgegrenzt (z. B. Lagerbestand), während *geschlossene Mengen* zeitlich abgegrenzt sind (z. B. Verkehrsunfälle innerhalb einer Woche).

In der Regel wird nur ein Teil aller Elemente der Menge für eine statistische Untersuchung herangezogen. So kann sich beispielsweise bei der Menge aller Bewohner Europas die statistische Untersuchung auf die Bewohner eines bestimmten Landes beziehen. Man spricht dann von einer *Grundgesamtheit,* dem *Universum* oder der *Population.* Die statistische Fragestellung besteht dann darin, bestimmte typische Eigenschaften der Elemente dieser Grundgesamtheit zu bestimmen. Dies kann dadurch geschehen, daß man alle Elemente der Grundgesamtheit untersucht, oder aber dadurch, daß man aus dieser Grundgesamtheit eine *Teilgesamtheit* aus einem Teil der Elemente der Grundgesamtheit bildet und diese untersucht. Vom Ergebnis der Teilgesamtheit wird dann auf die Grundgesamtheit geschlossen.

Die Untersuchung dieser Elemente besteht darin, daß diese auf bestimmte *Merkmale* hin betrachtet werden. Dies ist aber nur möglich, wenn jedes Element auch ein *Merkmalsträger* ist. Ein Element, dem mindestens ein bestimmtes Merkmal zukommt, bezeichnet man also auch als Merkmalsträger.

Die Merkmale können nun verschieden geartet sein. So kann man zwischen quantitativen und qualitativen Merkmalen unterscheiden. Ein *quantitatives Merkmal* ist ein solches, das ein Element zahlenmäßig kennzeichnet (z. B. das Alter einer Person). Ein *qualitatives Merkmal* beschreibt ein Element durch eine zahlenmäßig nicht direkt ausdrückbare Eigenschaft (z. B. das Geschlecht).

Weiter kann ein Merkmal diskret oder stetig sein. Bei *diskreten* oder *unstetigen Merkmalen* sind die Merkmalsunterschiede stufenmäßig gegeben (z. B. Wochentage, Kinderzahl in einer Familie). Bei *stetigen Merkmalen* sind die Merkmalsunterschiede fließend, d. h. das Merkmal kann innerhalb eines Intervalls jeden beliebigen Wert annehmen (z. B. Körpergröße).

Ein Merkmal kann auch alternativ oder mehrklassig sein. *Alternativmerkmale* zeichnen sich durch zwei Merkmalserscheinungen oder Merkmalsvariationen aus (z. B. männlich — weiblich). *Mehrklassige Merkmale* hingegen umfassen eine mehr oder weniger lange Rangskala von Merkmalsvariationen (z. B. das Alter). Da diese Merkmalsart in der Statistik von besonderer Bedeutung ist, hat man für sie besondere Bezeichnungen eingeführt; die alternativen Merkmale bezeichnet man auch als *homograde* (gleichstufige) Merkmale und die mehrklassigen Merkmale als *heterograde* (verschiedenstufige) Merkmale.

Die Merkmale können auch nach Zustands- und Ereignismerkmalen gegliedert werden. Wie die Bezeichnung schon andeutet, handelt es sich bei *Zustandsmerkmalen* um Merkmale, die einen bestimmten Zustand beschreiben (z. B. Gewicht). *Ereignismerkmale* hingegen betreffen Merkmale, die ein bestimmtes Ereignis kennzeichnen (z. B. Brenndauer einer Glühbirne).

Eine weitere Unterscheidung ist die nach extensiven und intensiven Merkmalen. *Extensive Merkmale* sind dann gegeben, wenn sich bei einer Aufgliederung der Gesamtheit der Elemente die Merkmalsgröße ändert (z. B. Einwohner eines Landes). Bei *intensiven Merkmalen* ändert sich die Merkmalsgröße bei einer Aufgliederung der Gesamtheit der Elemente nicht (z. B. Raumtemperatur).

Die Merkmale können weiter in geradlinige, zyklische und ungeordnete Merkmale unterteilt werden. *Geradlinige Merkmale* sind solche, bei welchen die Folge der Merkmalsgröße geradlinig fortstrebt; sie können deshalb zweckmäßigerweise auf einer Geraden abgebildet werden (z. B. Alter, Körpergröße). *Zyklische Merkmale* andrerseits sind Merkmale, bei welchen die Folge der Merkmalsgrößen immer wieder an den Ursprung zurückkehrt, die also auf einem Kreis abgebildet werden können (z. B. Monate). *Ungeordnete Merkmale* endlich sind durch keine natürliche Folge gekennzeichnet (z. B. die Länder der Erde). Hier wird in der Regel eine künstliche Folge eingeführt, wie beispielsweise die alphabetische Folge.

Nach diesen einleitenden Ausführungen über einige wichtige statistische Begriffe soll nunmehr mit der statistischen Methodenlehre begonnen werden.

3.2. Statistische Häufigkeitsverteilungen

Es wurde einleitend schon darauf hingewiesen, daß sich die Statistik mit Massenerscheinungen befaßt. Und zwar handelt es sich um Massenerscheinungen, für welche nicht alle Entstehungsgründe bekannt sind, bei welchen also noch die Resultante aus unbekannten Entstehungsgründen mitwirkt, die üblicherweise als Zufall bezeichnet wird. In einem ersten Untersuchungsschritt versucht man, sich einen Überblick über die zu untersuchende Massenerscheinung zu verschaffen. Dies kann dadurch geschehen, daß man die Elemente der untersuchten Gesamtheit (Grund- oder Teilgesamtheit) systematisch ordnet, indem man beispielsweise das Auftreten bestimmter Merkmale häufigkeitsmäßig feststellt oder aber versucht, auf Grund der Mermalswerte der Elemente in der untersuchten Gesamtheit kennzeichnende Maßzahlen oder Parameter zu bestimmen. In beiden Fällen geschieht also eine Raffung des Informationsgehaltes der untersuchten Gesamtheit in einer Häufigkeitsverteilung oder durch statistische Parameter. Im folgenden wenden wir uns vorerst den Häufigkeitsverteilungen zu. Wie entsteht — so fragen wir uns — eine Häufigkeitsverteilung? Dies soll an einem Beispiel gezeigt werden.

Häufigkeitsverteilungen werden — dies sei vorweggenommen — in diskrete und stetige Verteilungen unterteilt, d. h. in Häufigkeitsverteilungen, bei welchen die Merkmalswerte entweder nur ganzzahlige Werte (diskrete Verteilungen) oder aber jeden beliebigen Wert zwischen zwei Merkmalswerten (stetige Verteilungen) annehmen können. Im folgenden sollen zuerst *diskrete Verteilungen* betrachtet werden.

In einfacher Weise läßt sich eine Häufigkeitsverteilung an Hand eines wahrscheinlichkeitstheoretischen Modells ableiten. So soll mit zwei Würfeln geworfen und die sich ergebenden Augensummen festgehalten werden. Die Wurfergebnisse sind nachfolgend zusammengestellt.

				Augensummen bei 100 Würfen mit 2 Würfeln					
6	4	9	4	4	8	11	9	9	8
9	7	7	4	3	6	8	7	5	7
3	8	6	5	8	7	6	8	6	7
6	9	6	7	8	11	6	11	7	8
10	7	7	7	10	10	9	6	8	7
9	4	5	10	6	6	8	3	7	11
8	5	8	10	7	6	10	12	9	9
4	11	9	8	2	2	7	5	7	9
9	6	5	10	11	5	3	5	9	10
3	4	10	6	7	7	8	5	11	3

Eine solche unsystematische Zusammenstellung von Versuchsergebnissen (in diesem Falle: Augensummen) bezeichnet man als *Liste*. Die in dieser Liste verborgene statistische Information kommt nur undeutlich zum Ausdruck. Einen besseren Einblick in die Struktur dieser Liste erhält man, wenn man die Häufigkeiten der einzelnen Versuchsergebnisse (Augensummen) feststellt. Dies geschieht in der Häufigkeitsverteilung, die nachfolgend wiedergegeben ist. Die Augensummen können hier nur zwischen 2 und 12 schwanken, da mit zwei Würfeln mindestens die Augensumme 2 und höchstens die Augensumme 12 geworfen werden kann.

Häufigkeitsverteilung der Augensummen (100 Würfe mit 2 Würfeln)	
Augen- summen	Häufig- keiten
2	2
3	6
4	7
5	9
6	14
7	18
8	14
9	13
10	9
11	7
12	1
Zusammen	100

Diese Häufigkeitsverteilung wird zweckmäßigerweise graphisch dargestellt (Abb. 2).

Die Häufigkeitsverteilung und deren graphisches Bild vermitteln nun schon einen ziemlich guten Einblick in die Ergebnisse des Versuchs. Die in der Liste innewohnende Information tritt hier schon deutlicher zutage. Da es sich hier um ein unstetiges (diskretes) Merkmal handelt (die

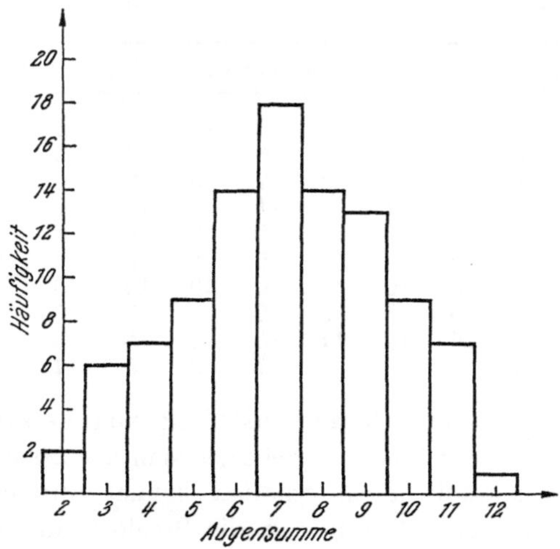

Abb. 2. Häufigkeitsverteilung der Augensummen bei 100 Würfen
mit zwei Würfeln

Augensummen müssen ganzzahlig sein), empfiehlt es sich, die Häufigkeiten durch Säulen darzustellen, deren Höhen proportional den entsprechenden Häufigkeiten sind. Eine solche graphische Darstellung bezeichnet man als *Stäbchendiagramm* oder auch als *Histogramm,* in welchem die Unstetigkeit besonders deutlich dargestellt werden kann.

In dieser Weise können nun auch die Häufigkeitsverteilungen für beliebige Beispiele ermittelt werden. Ein solches praktisches Beispiel ist die Häufigkeitsverteilung der landwirtschaftlichen Betriebe nach der Betriebsgröße für die Schweiz im Jahre 1965[1]. Diese Werte sind nachfolgend zusammengestellt.

Wiederum kann für diese Verteilung das graphische Bild gezeichnet werden, das in Abb. 3 für die Prozentzahlen zu finden ist. Ein Vergleich dieser Graphik mit jener in Abb. 2 zeigt eine gewisse Ähnlichkeit; beide Verteilungen weisen am Anfang und am Ende der Merkmalsskala verhältnismäßig geringe Häufigkeiten auf. Ein Unterschied besteht jedoch; die Häufigkeitsverteilung der Betriebe nach Betriebsgröße ist ziemlich

---

[1] Eidgenössische Betriebszählung, September 1965; Quellenwerke der Schweiz, Heft 419, Reihe De 5, 1965, Bd. 5, S. 60.

Betriebe nach Betriebsgröße in der Schweiz 1965[1]

Betriebe mit einer Kulturfläche von … ha	Gesamtzahl der landwirtschaftlichen Betriebe	
	absolut	in Prozenten
0 — 1	30 459	18,75
1,01 — 5	44 340	27,30
5,01 — 10	39 954	24,61
10,01 — 15	25 503	15,70
15,01 — 20	11 519	7,09
20,01 — 30	7 388	4,55
30,01 — 50	2 552	1,57
50,01 — 70	436	0,27
70,01 — 100	164	0,10
100,01 und mehr	99	0,06
Zusammen	162 414	100,00

[1] Die Werte sind z. T. in größere Gruppen zusammengefaßt.

asymmetrisch, verglichen mit der Häufigkeitsverteilung der Augensummen bei 100 Würfen mit zwei Würfeln.

Diese Feststellung legt die Frage nahe, ob es möglich ist, gewisse typische Häufigkeitsverteilungen festzulegen, nach welchen sich empirisch

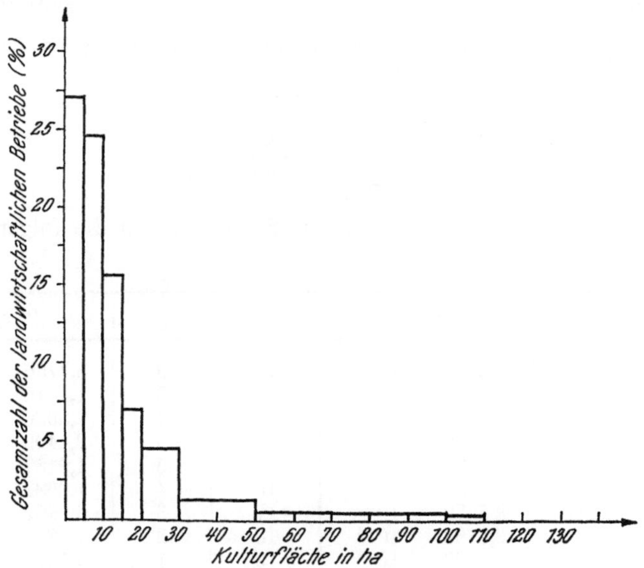

Abb. 3. Betriebe nach Betriebsgröße in der Schweiz, 1965

gewonnene Häufigkeitsverteilungen ausrichten. Diese Frage ist durchaus berechtigt, denn die Statistik erstrebt ja vor allem eine Informationskonzentration, die im vorliegenden Falle darin bestünde, statt die einzelnen Häufigkeitswerte aufzählen zu müssen, einen konzentrierten mathematischen Ausdruck, nämlich das Verteilungsgesetz als mathematische Funktion, anzugeben. Die Erarbeitung solcher Verteilungstypen oder statistischer Modelle für bestimmte praktische Fälle ist für statistische Untersuchungen sehr wichtig. Nachfolgend sollen deshalb einige der wichtigsten theoretischen Häufigkeitsverteilungen angeführt werden.

Es sei vorerst vom Urnenmodell ausgegangen. Wir stellen uns eine Urne vor, in der sich insgesamt N Kugeln befinden. Von diesen Kugeln seien X schwarz und Y weiß. Es ist also $X + Y = N$. Nun werden n Kugeln zufällig aus dieser Urne gezogen, wobei jede gezogene Kugel nicht mehr in die Urne zurückgelegt wird. Von diesen n gezogenen Kugeln sind x schwarz und y weiß, wobei $x + y = n$ ist. Von den N Kugeln der Grundgesamtheit können n Kugeln auf $\binom{N}{n}$ verschiedene Arten gezogen werden. Von den X schwarzen Kugeln der Grundgesamtheit können x schwarze Kugeln auf $\binom{X}{x}$ verschiedene Arten gezogen werden. Endlich können von den Y weißen Kugeln y weiße Kugeln auf $\binom{Y}{y}$ verschiedene Arten gezogen werden. Da jede Art, schwarze Kugeln zu ziehen, mit allen Arten, weiße Kugeln zu ziehen, gemeinsam auftreten kann, ist das Ergebnis, x schwarze und y weiße Kugeln zufällig (ohne Zurücklegen) zu ziehen, gleich $\binom{X}{x}\binom{Y}{y}$. Die Wahrscheinlichkeit dieses Ergebnisses ist weiter:

$$P\,(x, y) = \frac{\binom{X}{x}\binom{Y}{y}}{\binom{N}{n}}. \tag{8}$$

Für $N = 100$, $n = 20$, $X = 70$ und $Y = 30$ ergibt sich die folgende Verteilung:

x	y	$P\,(x, y)$		x	y	$P\,(x, y)$	
0	20	5,6053	10^{-13}	11	9	5,7756	10^{-2}
1	19	7,1335	10^{-12}	12	8	1,1615	10^{-1}
2	18	3,8976	10^{-10}	13	7	1,8030	10^{-1}
3	17	1,2229	10^{-8}	14	6	2,1409	10^{-1}
4	16	2,4877	10^{-7}	15	5	1,9187	10^{-1}
5	15	3,5027	10^{-6}	16	4	1,2682	10^{-1}
6	14	3,5579	10^{-5}	17	3	5,9662	10^{-2}
7	13	2,6786	10^{-4}	18	2	1,8832	10^{-2}
8	12	1,5237	10^{-3}	19	1	3,5579	10^{-3}
9	11	6,6267	10^{-3}	20	0	3,0199	10^{-4}
10	10	2,2233	10^{-2}				

Diese Verteilung ist in Abb. 4 graphisch dargestellt. Sie beginnt mit tiefen Werten von $P\,(x, y)$ und erreicht für $x = 14$ und $y = 6$ den höchsten Wert mit $P\,(x, y) = 0,21409$. Hierauf sinkt sie wieder ab, ohne jedoch die tiefen Werte zu erreichen, die sie für niedere Werte von x kennzeichnet. Die Wahrscheinlichkeit also, in einer Stichprobe von 20 Kugeln aus einer Grundgesamtheit von 100 Kugeln 14 schwarze und 6 weiße Kugeln

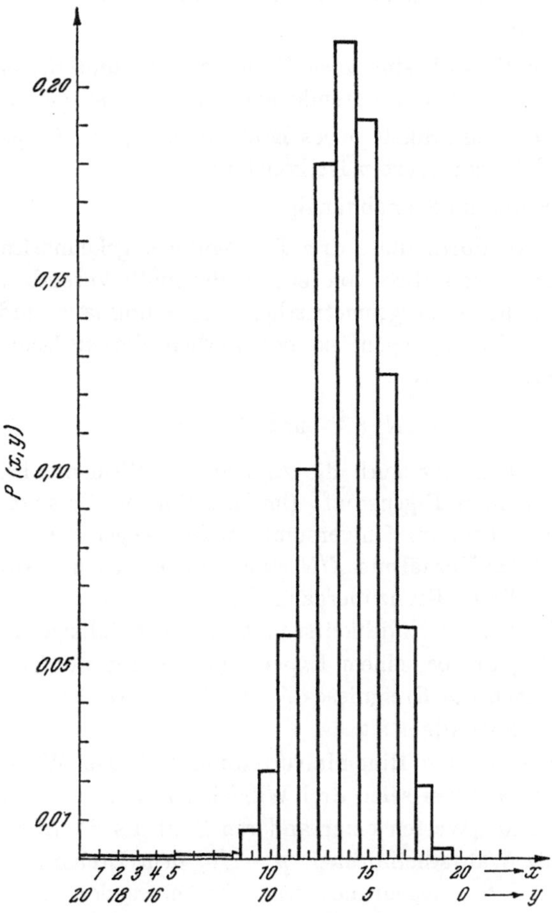

Abb. 4. Hypergeometrische Verteilung

gezogen zu haben, ist demnach gleich 21,409 %. Die Wahrscheinlichkeit aber, in einer Stichprobe aus ebenfalls 20 Kugeln aus der gleichen Grundgesamtheit nur weiße Kugeln zu ziehen, ist — wie der angeführten Tabelle zu entnehmen ist — verschwindend klein (nämlich 0,000 000 000 056 053 %). Andrerseits ist die Wahrscheinlichkeit, daß alle 20 gezogenen Kugeln aus der gleichen Grundgesamtheit schwarz sind, gleich 0,030 199 %. Diese Verteilung wird als *hypergeometrische Verteilung* bezeichnet. Sie ist vor allem in der Stichprobentheorie bedeutsam, da sie als theoretisches Modell einer Stichprobe gelten kann.

Wahrscheinlichkeitstheoretische Modelle leisten offenbar auch bei der Herleitung von Verteilungstypen gute Dienste. So wurde auf Grund des Urnenmodells die hypergeometrische Verteilung abgeleitet. Nun sollen die folgenden Bedingungen für ein wahrscheinlichkeitstheoretisches Modell angenommen werden:

— für jeden Versuch sind zwei Ereignisse, E_1 und E_2, möglich, d. h. der den Versuch definierende Ereignisraum ist $\{E_1, E_2\}$,

— die Wahrscheinlichkeit p des Ereignisses E_1 ist für jeden Versuch gleich, d. h. der Wert p ist konstant,

— die Versuche sind unabhängig.

Kann ein Versuch durch diese drei Bedingungen gekennzeichnet werden, so spricht man bekanntlich von einem Bernoulli-Versuch (vgl. S. 19). Geht man von der hypergeometrischen Verteilung aus und unterstellt die angeführten Bedingungen, so entsprechen diesen Bedingungen die folgenden Grenzübergänge:

$$N \to \infty \quad \text{und} \quad X \to \infty$$

d. h. das Universum wie auch die Anzahl der Elemente im Universum mit einer bestimmten Eigenschaft (im angeführten Beispiel die Anzahl der schwarzen Kugeln im Universum) streben gegen Unendlich. Gleichwohl aber muß das Verhältnis X/N einen konstanten und endlichen Wert (p) annehmen. Dieser Grenzübergang führt uns zur *Binomialverteilung*. Diese stellt die Wahrscheinlichkeitsfunktion der Zufallsvariablen der Anzahl Treffer dar, die bei einem Experiment gezählt werden. Als Treffer soll das Erscheinen des Ereignisses E_1 bezeichnet werden, dem die Wahrscheinlichkeit p zugeordnet ist.

Als Beispiel für die Binomialverteilung soll das Würfelmodell betrachtet werden. Gegeben seien drei Würfel. Die Ereignisse sind „Werfen einer 6" (E_1) und „Werfen einer anderen Zahl als 6" (E_2). Dem Ereignis E_1 wird die Wahrscheinlichkeit $p = 1/6$, dem Ereignis E_2 die Wahrscheinlichkeit $q = 5/6$ zugeordnet. Da sicher eines der beiden Ereignisse eintreffen muß, ist $(p + q) = 1$. Nun können die folgenden $2^3 = 8$ Ereignisse eintreten:

$$E_1 E_1 E_1, \text{ deren Wahrscheinlichkeit } p^3 \text{ ist,}$$
$$E_1 E_1 E_2, \text{ deren Wahrscheinlichkeit } p^2 q \text{ ist,}$$
$$E_1 E_2 E_1, \text{ deren Wahrscheinlichkeit } p^2 q \text{ ist,}$$
$$E_2 E_1 E_1, \text{ deren Wahrscheinlichkeit } p^2 q \text{ ist,}$$
$$E_1 E_2 E_2, \text{ deren Wahrscheinlichkeit } p q^2 \text{ ist,}$$
$$E_2 E_1 E_2, \text{ deren Wahrscheinlich\textit{keit} } p q^2 \text{ ist,}$$
$$E_2 E_2 E_1, \text{ deren Wahrscheinlichkeit } p q^2 \text{ ist,}$$
$$E_2 E_2 E_2, \text{ deren Wahrscheinlichkeit } q^3 \text{ ist.}$$

Es ergeben sich also die Wahrscheinlichkeiten

$$p^3 \qquad 3\,p^2\,q \qquad 3\,p\,q^2 \qquad q^3.$$

Da sicher eines dieser Ereignisse eintreffen wird, ist die Summe dieser Wahrscheinlichkeiten gleich Eins, d. h.

$$p^3 + 3\,p^2\,q + 3\,p\,q^2 + q^3 = 1.$$

Die linke Seite dieser Beziehung ist aber gleich $(p + q)^3$ oder $(q + p)^3$. Würfelt man mit n Würfeln, so ergibt sich die Beziehung

$$(p + q)^n = 1.$$

Das allgemeine Glied dieser Binomialentwicklung ist gleich:

$$P(x) = \binom{n}{x} p^x\, q^{n-x} \tag{9}$$

wo x die Versuchsergebnisse, $0, 1, 2, \ldots$ Sechse zu werfen, sind. Der Wert n ist gleich der Anzahl Würfel, mit welchen der Versuch durchgeführt wird.

Es soll nun die Binomialverteilung auf Grund des Würfelmodells bestimmt werden, wobei angenommen wird, daß mit zehn Würfeln gespielt wird. Das günstigste Ereignis (E_1) sei das Werfen einer Sechs, dem die Wahrscheinlichkeit $p = 1/6$ zukommt. Es sind also

$$n = 10 \qquad p = 1/6 \qquad q = 5/6$$

x	$P(x)$	x	$P(x)$
0	0,161 510	6	0,002 171
1	0,323 020	7	0,000 248
2	0,290 710	8	0,000 019
3	0,155 050	9	0,000 001
4	0,054 267	10	0,000 000
5	0,013 024		

Das Bild dieser Verteilung ist in Abb. 5 dargestellt.

Eine der Binomialverteilung ähnliche Definitionsgleichung weist die *negative Binomialverteilung* oder *Pascal-Verteilung* auf, für welche die folgende Beziehung gilt:

$$P(x) = \binom{x-1}{k-1} p^k\, q^{x-k} \tag{10}$$

wo $x = k, k+1, k+2, \ldots$ und k ein Parameter sind. Diese Beziehung entspricht dem $(x - k + 1)$-ten Glied der Entwicklung für

$$p^k\,(1 - q)^{-k}$$

wobei $(1-q)^{-k}$ durch eine Reihe der Potenzwerte von q dargestellt wird. Da nun $(1-q) = p$ ist, ergibt sich

$$p^k (1-q)^{-k} = 1.$$

Die Beziehung für die negative Binomialverteilung gibt die Wahrscheinlichkeit an, x unabhängige Versuche anstellen zu müssen, um k-mal das Ereignis E feststellen zu können; es müssen also x Versuche abgewartet

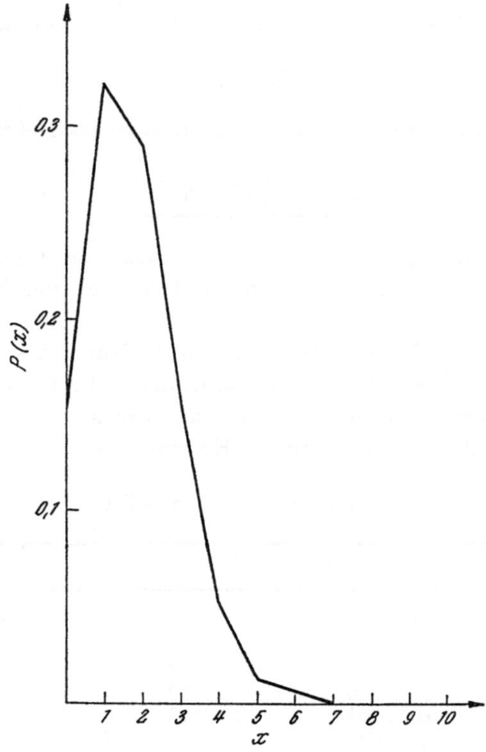

Abb. 5. Binomialverteilung

$$n = 10 \quad p = \frac{1}{6} \quad q = \frac{5}{6}$$

werden, damit sich das Ereignis E k-mal zeigt. Es handelt sich hier also um eine binomiale Wartezeit-Verteilung. Dies geht aus der folgenden Überlegung hervor.

Ein Versuch kann immer nur eines von zwei Ergebnissen, K und Z, zeigen. Gegeben sei der Ereignisraum, bestehend aus der Folge aller möglichen Ergebnisse K und Z. Das Ereignis E in diesem Ereignisraum ist folgendermaßen definiert: In den ersten $(x-1)$ Versuchen stellt sich das Ereignis K in $(k-1)$ Fällen ein. Weiter sei F das Ereignis, im x-ten Versuch das Ergebnis K zu erhalten. Stellt nun G das Ereignis dar, genau x Versuche durchführen zu müssen, um k-mal das Ergebnis K zu erhalten, so ist:

$$G = E \cap F$$

und folglich

$$P(G) = P(E \cap F) = P(E)\, P(F \mid E).$$

Nun ist aber

$$P(F \mid E) = P(K) = p.$$

Weiter ist aber auf Grund der Binomialverteilung

$$P(E) = \binom{x-1}{k-1} p^{k-1}\, q^{(x-1)-(k-1)}$$
$$= \binom{x-1}{k-1} p^{k-1}\, q^{x-k}.$$

Daraus folgt:

$$P(G) = P(x) = \binom{x-1}{k-1} p^{k-1}\, q^{x-k}\, p$$
$$= \binom{x-1}{k-1} p^{k}\, q^{x-k}$$

d. h. also die Beziehung (10).

Für $k = 1, 2, 3, 4, 5$ und $p = q = 0,5$ ergibt sich die folgende negative Binomialverteilung, die in Abb. 6 graphisch dargestellt ist.

x	$P(x)$ für				
	$k = 1$	$k = 2$	$k = 3$	$k = 4$	$k = 5$
1	0,500 000	—	—	—	—
2	0,250 000	0,250 000	—	—	—
3	0,125 000	0,250 000	0,125 000	—	—
4	0,062 500	0,187 500	0,187 500	0,062 500	—
5	0,031 250	0,125 000	0,187 500	0,125 000	0,031 250
6	0,015 625	0,078 124	0,156 249	0,156 244	0,078 124
7	0,007 812	0,046 874	0,117 186	0,156 244	0,117 186
8	0,003 906	0,027 343	0,082 030	0,136 718	0,136 718
9	0,001 953	0,015 624	0,054 686	0,109 374	0,136 718
10	0,000 976	0,008 788	0,035 155	0,082 030	0,123 046
11	0,000 488	0,004 882	0,021 971	0,058 592	0,102 538
12	0,000 244	0,002 685	0,013 426	0,040 282	0,080 565
13	0,000 122	0,001 464	0,008 055	0,026 854	0,060 423
14	0,000 061	0,000 792	0,004 759	0,017 455	0,043 638
15	0,000 030	0,000 426	0,002 776	0,011 107	0,030 546
16	0,000 015	0,000 228	0,001 601	0,006 941	0,020 826
17	0,000 007	0,000 121	0,000 914	0,004 271	0,013 883
18	0,000 003	0,000 064	0,000 517	0,002 593	0,009 077
19	0,000 001	0,000 033	0,000 290	0,001 555	0,005 835
20	0,000 000	0,000 017	0,000 162	0,000 923	0,003 696

Diese Wahrscheinlichkeitswerte können auch aus der folgenden Rekursionsformel errechnet werden:

$$P(x) = \frac{x-1}{x-k}\, q\, P(x-1).$$

Strebt bei der Binomialverteilung der Stichprobenumfang n gegen Unendlich und die Wahrscheinlichkeit p gegen Null, derart, daß das Produkt np noch einen endlichen Wert annimmt, so ergibt sich die

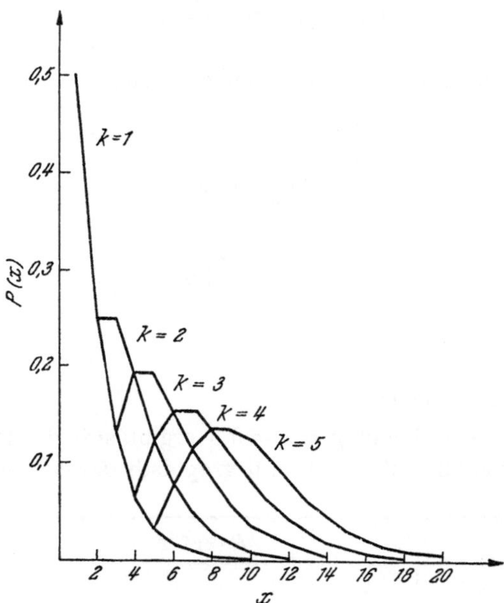

Abb. 6. Negative Binomialverteilung

$$P(x) = \binom{x-1}{k-1} p^{k}\, q^{x-k}$$

Beziehung für die *Poisson-Verteilung*. Diese entsteht auch, wenn bei der negativen Binomialverteilung der Parameter k gegen Unendlich und die Wahrscheinlichkeit q gegen Null strebt, derart, daß der Ausdruck einen endlichen Wert annimmt. Die Poisson-Verteilung ist durch die folgende Beziehung gekennzeichnet:

$$P(x) = \frac{m^{x}\, e^{-m}}{x!}. \tag{11}$$

Hierin bezeichnen m einen charakteristischen Wert der Verteilung (nämlich den Mittelwert) und x die Anzahl der Ereignisse. Für $m = 1, 2, 3, 4, 5$ erhält man die folgenden Verteilungen, die in Abb. 7 aufgetragen sind.

x	$P(x)$				
	$m = 1$	$m = 2$	$m = 3$	$m = 4$	$m = 5$
0	0,367 880	0,135 335	0,049 787	0,018 315	0,006 737
1	0,367 880	0,270 670	0,149 361	0,073 260	0,033 685
2	0,183 940	0,270 670	0,224 041	0,146 520	0,084 212
3	0,061 313	0,180 446	0,224 041	0,195 359	0,140 353
4	0,015 328	0,090 223	0,168 030	0,195 359	0,175 441
5	0,003 065	0,036 089	0,100 818	0,156 287	0,175 441
6	0,000 510	0,012 029	0,050 409	0,104 191	0,146 200
7	0,000 072	0,003 436	0,021 603	0,059 537	0,104 428
8	0,000 009	0,000 859	0,008 101	0,029 768	0,065 267
9	0,000 000	0,000 190	0,002 700	0,013 230	0,036 259
10	0,000 000	0,000 038	0,000 810	0,005 292	0,018 129

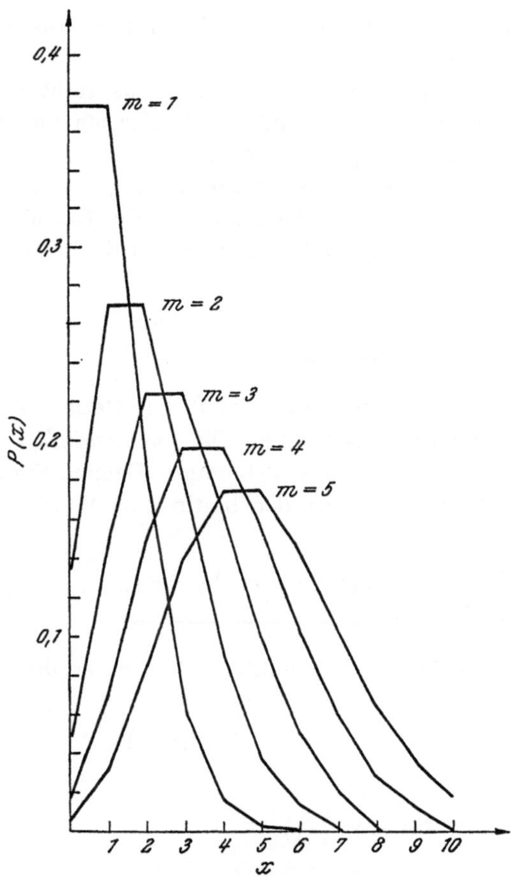

Abb. 7. Poisson-Verteilung

$$P(x) = \frac{m^x \, e^{-m}}{x!}$$

Die Poisson-Verteilung ist vor allem dadurch gekennzeichnet, daß die Wahrscheinlichkeit des zugrunde gelegten Ereignisses gegen Null strebt, ohne den Wert Null je zu erreichen. Dies bedeutet aber, daß dieses Ereignis sehr selten ist. Deshalb hat BORTKIEWICZ hier auch vom „Gesetz der kleinen Zahl" gesprochen[1]. Diese Bezeichnung will nicht etwa als Gegenstück zum Gesetz der großen Zahl verstanden werden; die Bezeichnung „kleine Zahl" bezieht sich lediglich auf die spärliche Häufigkeit seltener Ereignisse. Die Poisson-Verteilung ist aber auch im Operations Research bedeutsam, wo sie bei Wartezeit-Problemen von Wichtigkeit ist, indem sie ein bestimmtes und oft verwendetes Wartezeit-Modell kennzeichnet.

Die aufgezählten diskreten Verteilungen betreffen Verteilungen, die in der praktischen Statistik eine gewisse Bedeutung erlangt haben. Daneben sind eine Menge anderer unstetiger Verteilungen denkbar, die hier aber nicht erwähnt werden sollen, da sie in der praktischen Statistik weniger bedeutsam sind.

Eine andere Gruppe von Verteilungen beansprucht in der Statistik besondere Aufmerksamkeit. Es handelt sich hier um die *stetigen Verteilungen*. Bevor jedoch einige wichtige stetige Verteilungen aufgeführt werden, soll kurz auf zwei Hilfsfunktionen hingewiesen werden, die in der Statistik von Nutzen sind. Es sind dies die Gamma-Funktion und die Beta-Funktion. Die *Gamma-Funktion* ist durch die Beziehung

$$\Gamma(k) = \int_0^\infty x^{k-1}\, e^{-x}\, dx \tag{12}$$

gegeben, in welcher $k > 0$ und $x \geqq 0$ sind. Die Beziehung wird als *vollständige Gamma-Funktion* bezeichnet. Die *unvollständige Gamma-Funktion* unterscheidet sich von der vollständigen Gamma-Funktion dadurch, daß die obere Integrationsgrenze den bestimmten Wert z annimmt.

$$\Gamma_z(k) = \int_0^z x^{k-1}\, e^{-x}\, dx. \tag{12 a}$$

Integriert man nach Teilen die Funktion (12), so ergibt sich die Rekursionsformel

$$\Gamma(k) = (k-1)\, \Gamma(k-1).$$

Daraus folgt:

$$\Gamma(2) = 1\, \Gamma(1)$$
$$\Gamma(3) = 2\, \Gamma(2) = 2.1\, \Gamma(1)$$
$$\Gamma(4) = 3\, \Gamma(3) = 3.2.1\, \Gamma(1) \text{ usw.}$$

---

[1] BORTKIEWICZ, L. VON: Das Gesetz der kleinen Zahl, Leipzig 1898.

Da nun $\Gamma(1) = 1$ ist, ergibt sich für ganzzahlige Werte von k die Beziehung:

$$\Gamma(k) = (k-1)! \tag{12 b}$$

Eine weitere, für die Statistik wichtige Hilfsfunktion ist die *Beta-Funktion*. Hier unterscheidet man ebenfalls zwei Arten dieser Funktion, die vollständige Beta-Funktion und die unvollständige Beta-Funktion. Die *vollständige Beta-Funktion* ist durch die folgende Beziehung gekennzeichnet:

$$B(m, n) = \int_0^1 x^{m-1}(1-x)^{n-1}\,dx \tag{13}$$

$m > 0$ $n > 0$ und $0 \leqq x \leqq 1$.

Diese Funktion kann auch durch die Gamma-Funktion ausgedrückt werden. Es besteht nämlich die folgende Beziehung zwischen der vollständigen Beta-Funktion und der Gamma-Funktion:

$$B(m, n) = \frac{\Gamma(m) \cdot \Gamma(n)}{\Gamma(m+n)}. \tag{13 a}$$

Bei der *unvollständigen Beta-Funktion* ist die obere Integrationsgrenze nicht Eins, sondern ein festzusetzender Wert z. Die Beziehung lautet folglich:

$$B_z(m, n) = \int_0^z x^{m-1}(1-x)^{n-1}\,dx. \tag{13 b}$$

Diese Funktionen sind vor allem deshalb in der Statistik wichtig, weil sie für bestimmte Werte ihrer Parameter zu wichtigen statistischen Verteilungen führen. So ergibt sich aus der Beta-Verteilung für $m = f_1/2$, $n = f_2/2$ und $(f_2/f_1)\,[x/(1-x)] = F$ bei ganzzahligen f_1 und f_2 die *F-Verteilung* von FISHER:

$$P(F) = \frac{\Gamma\left(\dfrac{f_1+f_2}{2}\right)}{\Gamma\left(\dfrac{f_1}{2}\right)\Gamma\left(\dfrac{f_2}{2}\right)}\, f_1^{f_1/2} f_2^{f_2/2}\, \frac{F^{\frac{f_1-2}{2}}}{(f_2+f_1 F)^{\frac{f_1+f_2}{2}}} \tag{14}$$

$0 \leqq F \leqq \infty$.

Auf Grund der Formel (12b) ergibt sich aus der Beziehung (14) die folgende Dichtefunktion (probability density function):

$$P\left(F\right)=\frac{\left(\dfrac{f_1+f_2-2}{2}\right)!}{\left(\dfrac{f_1-2}{2}\right)!\left(\dfrac{f_2-2}{2}\right)!}\;f_1{}^{f_1/2}f_2{}^{f_2/2}\;\frac{F^{\frac{f_1-2}{2}}}{(f_2+f_1\,F)^{\frac{f_1+f_2}{2}}}\tag{15}$$

Diese Verteilung hat ein Maximum für $P(F)$ bei

$$F_{\max}=\frac{f_2\,(f_1-2)}{f_1\,(f_2+2)}.\tag{16}$$

Die nachfolgende Tabelle vermittelt die Werte von $P(F)$ in Funktion von F für die Parameter $f_1=f_2=4$, $f_1=f_2=6$ und $f_1=f_2=10$.

F-Verteilung

F	$P(F)$		
	$f_1=f_2=4$	$f_1=f_2=6$	$f_1=f_2=10$
0	0,000 000	0,000 000	0,000 000
0,1	0,409 808	0,169 342	0,024 289
0,2	0,578 703	0,401 877	0,162 792
0,3	0,630 230	0,559 375	0,370 162
0,4	0,624 739	0,637 489	0,557 570
0,5	0,592 592	0,658 436	0,682 822
0,6	0,549 316	0,643 730	0,742 584
0,7	0,502 867	0,609 009	0,750 314
0,8	0,457 247	0,564 502	0,722 728
0,9	0,414 361	0,516 517	0,674 178
1,0	0,375 000	0,468 750	0,615 234
1,2	0,307 356	0,381 019	0,491 856
1,4	0,253 182	0,307 687	0,381 715
1,6	0,210 076	0,248 611	0,292 473
1,8	0,175 708	0,201 705	0,223 280
2,0	0,148 148	0,164 609	0,170 705
3,0	0,070 312	0,065 917	0,048 666
4,0	0,038 400	0,030 720	0,016 516
5,0	0,023 148	0,016 075	0,006 511

Diese drei Verteilungen sind in Abb. 8 graphisch aufgetragen.

Von der *F*-Verteilung leiten sich zwei weitere, für die Statistik wichtige Verteilungen ab. Setzt man nämlich $f_1=1$, $f_2=f$ und $F=t^2$, so ergibt sich die *t-Verteilung von Student* (der Name STUDENT ist ein Pseudonym für W. S. Gosset, einen englischen Chemiker). Diese ist durch die folgende Beziehung gegeben:

$$P(t) = \frac{\Gamma\left(\dfrac{f+1}{2}\right)}{\sqrt{f\cdot\pi}\;\Gamma\left(\dfrac{f}{2}\right)} \cdot \frac{1}{\sqrt{\left(1+\dfrac{t^2}{f}\right)^{f+1}}} \tag{17}$$

$-\infty < t < \infty.$

Diese Formel kann auch folgendermaßen geschrieben werden:

$$P(t) = \frac{\left(\dfrac{f-1}{2}\right)!}{\sqrt{f\cdot\pi}\left(\dfrac{f-2}{2}\right)!} \cdot \frac{1}{\sqrt{\left(1+\dfrac{t^2}{f}\right)^{f+1}}}. \tag{17a}$$

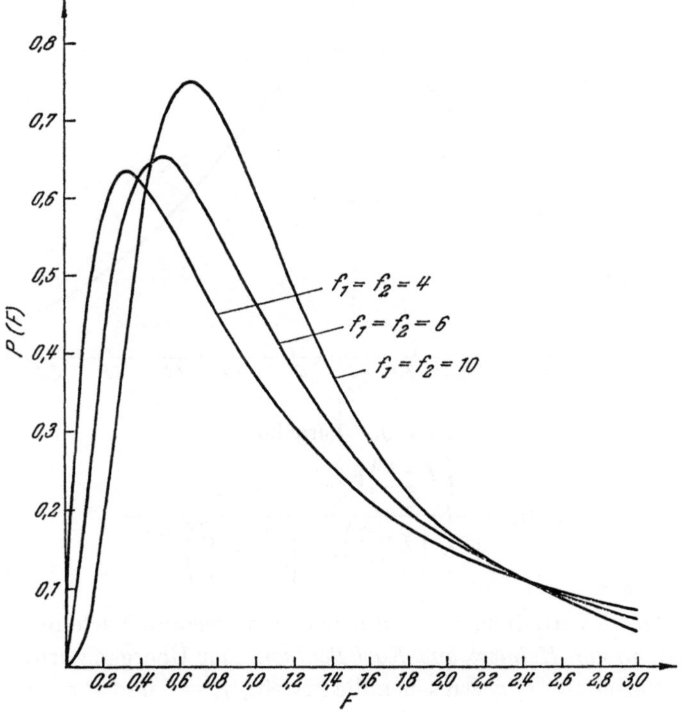

Abb. 8. F-Verteilung

$$P(F) = \frac{\left(\dfrac{f_1+f_2-2}{2}\right)!}{\left(\dfrac{f_1-2}{2}\right)!\left(\dfrac{f_2-2}{2}\right)!}\; f_1^{\frac{f_1}{2}}\, f_2^{\frac{f_2}{2}}\; \frac{F^{\frac{f_1-2}{2}}}{(f_2+f_1 F)^{\frac{f_1+f_2}{2}}}$$

Es handelt sich hier um eine bezüglich der Ordinatenachse symmetrische Verteilung. Für den Parameterwert $f = 5$ sind die Werte von $P(t)$ für bestimmte Werte von t in der nachfolgenden Tabelle aufgetragen.

t-Verteilung (f = 5)

t	$P(t)$	t	$P(t)$
0	0,400 990	1,4	0,148 667
0,2	0,391 518	1,6	0,116 005
0,4	0,364 833	1,8	0,089 590
0,6	0,325 498	2,0	0,068 756
0,8	0,279 387	3,0	0,018 266
1,0	0,232 054	4,0	0,005 412
1,2	0,187 666	5,0	0,001 856

Das Bild dieser Verteilung findet sich in Abb. 9, wo auch die zur Ordinatenachse symmetrischen $P(t)$-Werte für negative Werte von t aufgezeichnet sind.

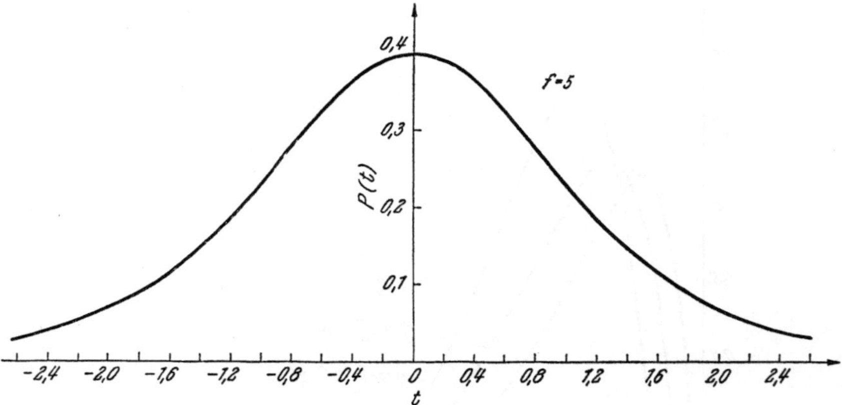

Abb. 9. *t*-Verteilung

$$P(t) = \frac{\left(\dfrac{f-1}{2}\right)!}{\sqrt{f\pi}\left(\dfrac{f-2}{2}\right)!} \cdot \frac{1}{\sqrt{\left(1+\dfrac{t^2}{f}\right)^{f+1}}}$$

Aus der F-Verteilung leitet sich noch eine weitere Verteilung ab, die *χ^2-Verteilung von Helmert und Karl Pearson*. Der Übergang erfolgt, wenn in der F-Verteilung f_2 gegen Unendlich strebt, $f_1 = f$ und $F = \chi^2/f$ gesetzt wird. Es ergibt sich dann die folgende Beziehung für die χ^2-Verteilung:

$$P(\chi^2) = \frac{1}{2^{f/2}\, \Gamma\left(\dfrac{f}{2}\right)}\, (\chi^2)^{\frac{f-2}{2}}\, e^{-\frac{\chi^2}{2}} \tag{18}$$

$0 \leqq \chi^2 < \infty.$

Drückt man die Gamma-Funktion durch Fakultäten aus, so ergibt sich die Beziehung:

$$P(\chi^2) = \frac{1}{2^{f/2}\left(\frac{f-2}{2}\right)!}\,(\chi^2)^{\frac{f-2}{2}}\,e^{-\frac{\chi^2}{2}}. \qquad (18\,a)$$

Den maximalen Wert erreicht diese Verteilung für $\chi^2_{max} = f-2$.

Die χ^2-Verteilung ergibt sich auch aus der Gamma-Verteilung. Setzt man nämlich in der Gamma-Verteilung für z/x den Wert $1/2$, für k den Wert $f/2$ und für x den Wert χ^2, so geht die Gamma-Verteilung in die χ^2-Verteilung über.

In der folgenden Tabelle und in Abb. 10 ist die χ^2-Verteilung für $f = 6$ dargestellt.

χ^2-*Verteilung (f = 6)*

χ^2	$P(\chi^2)$	χ^2	$P(\chi^2)$
0	0,000 000	5,5	0,123 635
0,5	0,012 168	6,0	0,115 904
1,0	0,037 908	6,5	0,107 518
1,5	0,066 427	7,0	0,098 937
2,0	0,091 977	7,5	0,090 485
2,5	0,111 951	8,0	0,082 376
3,0	0,125 627	8,5	0,074 747
3,5	0,133 338	9,0	0,067 670
4,0	0,135 951	9,5	0,061 172
4,5	0,134 522	10,0	0,055 250
5,0	0,130 103		

Aus der χ^2-Verteilung und der t-Verteilung leitet sich eine weitere Verteilung ab, die für die Statistik von grundlegender Bedeutung ist. Setzt man nämlich in die Beziehung für die t-Verteilung f gegen Unendlich und $t = u$ oder ersetzt man in der χ^2-Verteilung die Werte f durch 1 und χ^2 durch u^2, so folgt aus dieser Substitution die *Normalverteilung* oder *Gaußsche Verteilung* oder auch *Laplace-Verteilung*. Die Beziehung für diese Verteilung lautet:

$$P(x) = \frac{1}{\sqrt{2\pi}\,\sigma}\,e^{-\frac{1}{2}\left(\frac{x-M}{\sigma}\right)^2} \qquad (19)$$

worin die Werte M und σ Parameter darstellen, welchen in der Statistik eine besondere Bedeutung zukommt. In der Regel wird für diese Verteilung die folgende Koordinatentransformation durchgeführt:

$$u = \frac{x-M}{\sigma}.$$

Dadurch ergibt sich die *standardisierte Normalverteilung*

$$P(u) = \frac{1}{\sqrt{2\pi}}\, e^{-\frac{1}{2}u^2}. \tag{19a}$$

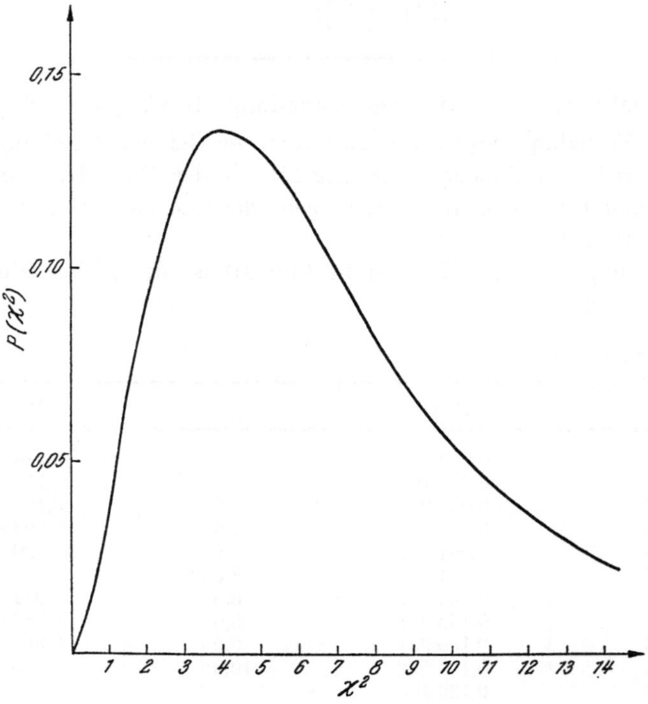

Abb. 10. χ^2-Verteilung

$$P(\chi^2) = \frac{1}{2^{f/2}\left(\dfrac{f-2}{2}\right)!}\,(\chi^2)^{\frac{f-2}{2}}\, e^{-\chi^2/2}$$

$$f = 6$$

Die nachfolgende Tabelle enthält einige Werte dieser Verteilung und Abb. 11 das Bild der standardisierten Normalverteilung.

Normalverteilung

u	$P(u)$
0	0,398942
0,5	0,352065
1,0	0,241971
1,5	0,129518
2,0	0,053991
2,5	0,017528

Die standardisierte Normalverteilung ist eine bezüglich der Ordinatenachse symmetrische Verteilung. Sie stellt überdies einen Grenzfall zweier

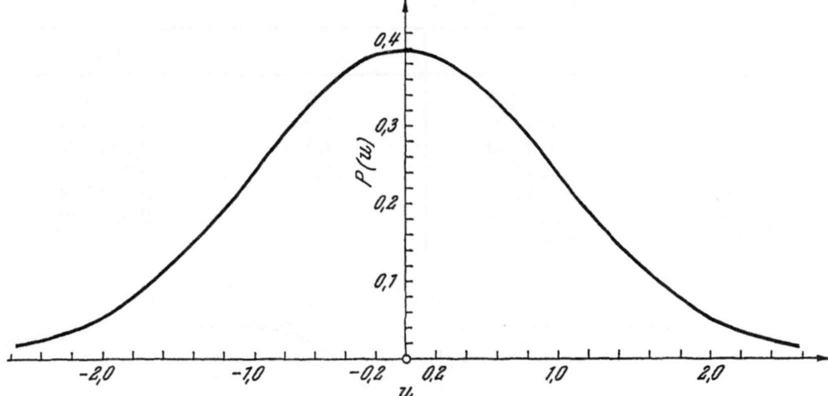

Abb. 11. Normalverteilung, standardisiert

$$P(u) = \frac{1}{\sqrt{2\,\pi}}\; e^{\frac{v^2}{2}} \quad -\infty < u < +\infty$$

$$\mu = 0 \quad \sigma = 1 \quad u = \frac{x - \mu}{\sigma}$$

unstetiger Verteilungen dar, nämlich der Binomial- und der Poisson-Verteilung. Setzt man nämlich in der Binomialverteilung

$$\frac{x - np}{\sqrt{npq}} = u$$

(wobei $npq > 9$ sein sollte) und strebt n gegen Unendlich, so geht diese Verteilung in die Normalverteilung über. Was die Poisson-Verteilung betrifft, so ergibt sich der Übergang zur Normalverteilung, wenn

$$\frac{x - \mu}{\sqrt{\mu}} = u$$

($\mu > 9$) gesetzt wird.

Die Normalverteilung wird in der Statistik in verschiedenen Arten verwendet. So kommt der Summenkurve eine große Bedeutung zu. Diese wird erhalten, wenn die Gesamtfläche unter der Dichtefunktion der Normalverteilung gleich Eins gesetzt wird und wenn dann die Teilfläche zwischen minus Unendlich und einem beliebigen Wert u bestimmt wird. Es handelt sich also um die Fläche, die durch die folgende Beziehung gekennzeichnet ist:

$$F(u) = \frac{1}{\sqrt{2\,\pi}} \int_{-\infty}^{x} e^{-\frac{u^2}{2}}\, du. \tag{19b}$$

Die entsprechenden Werte sind nachfolgend für einige ausgewählte Werte
von u angegeben und in Abb. 12 aufgetragen.

Summenfunktion der Normalverteilung

u	$F(u)$	u	$F(u)$
−3,0	0,001 350	0,5	0,691 462
−2,5	0,006 210	1,0	0,841 345
−2,0	0,022 750	1,5	0,933 193
−1,5	0,066 807	2,0	0,977 250
−1,0	0,158 655	2,5	0,993 790
−0,5	0,308 538	3,0	0,998 650
0	0,500 000		

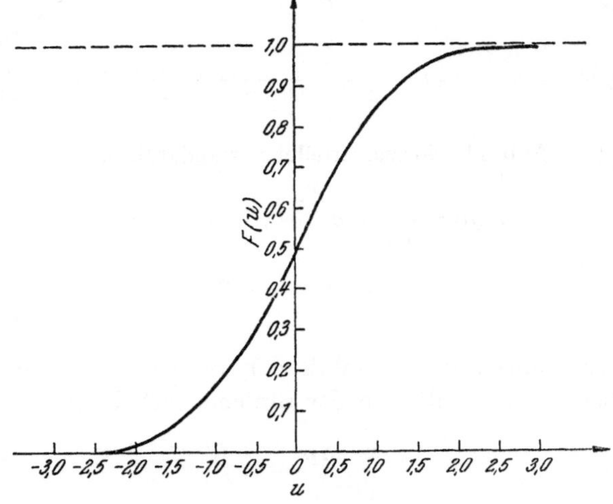

Abb. 12. Normalverteilung
Summenfunktion

Für bestimmte statistische Untersuchungen ist es zweckmäßig, den
Ordinatenmaßstab in einer Graphik derart abzutragen, daß die im gewöhnlichen metrischen Netz als S-förmige Kurve erscheinende Summenfunktion der Normalverteilung durch eine Gerade dargestellt wird. Diese
Ordinatentransformation ergibt das sogenannte Wahrscheinlichkeitsnetz.

Eine weitere, für die Statistik wichtige Verteilung ist die *Cauchy-
Verteilung,* so benannt nach dem französischen Mathematiker AUGUSTIN
LOUIS CAUCHY (1789—1857). Sie wird erhalten, wenn in der t-Verteilung
von STUDENT der Parameter $f = 1$ gesetzt wird[1]. Es ergibt sich daraus die
folgende Dichtefunktion:

$$P(x) = \frac{1}{\pi(1 + x^2)}. \tag{20}$$

---

[1] Hier ist zu berücksichtigen, daß $\Gamma(0) = 1$ und $\Gamma(1/2) = \sqrt{\pi}$ ist.

Die allgemeinere Form der Cauchy-Verteilung ist noch durch die beiden Parameter k und m gekennzeichnet und hat folgende Form:

$$P(x) = \frac{k}{\pi\,[k^2 + (x-m)^2]} \qquad (20\,\text{a})$$

mit $-\infty < x < +\infty$ und $k > 0$. Die unter (20) angegebene Funktion ergibt sich, wenn man in Funktion (20 a) für k den Wert 1 und für m den Wert 0 einsetzt. Diese Funktion besitzt ein Maximum für

$$x = m.$$

Sie ist symmetrisch bezüglich der Abszisse $x = m$. Für die Parameter $k = 1$ und $m = 0$ bzw. $k = 1$ und $m = 2$ finden sich die Werte $P(x)$ in der folgenden Zusammenstellung und in Abb. 13.

Cauchy-Verteilung

x	$P(x)$ für	
	$k = 1, m = 0$	$k = 1, m = 2$
0	0,318 309	0,063 661
0,2	0,306 066	0,075 072
0,4	0,274 404	0,089 412
0,6	0,234 050	0,107 536
0,8	0,194 090	0,130 454
1,0	0,159 154	0,159 154
2,0	0,063 661	0,318 309
3,0	0,031 830	0,159 154
4,0	0,018 724	0,063 661

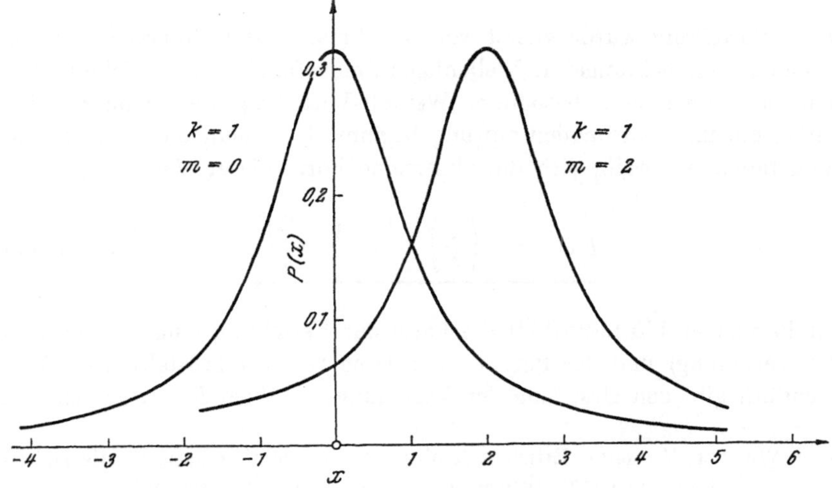

Abb. 13. Cauchy-Verteilung

Erwähnenswert ist auch die *Weibull-Verteilung,* die vor allem in der technischen Statistik bedeutsam ist. Sie ist durch die folgende mathematische Beziehung gekennzeichnet:

$$P\,(x) = \frac{b}{c}\left(\frac{x}{c}\right)^{b-1} e^{-\left(\frac{x}{c}\right)^{b}} \tag{21}$$

wo $c > 0$ und $b > 0$ sowie $0 \leq x < \infty$. Es handelt sich hier um eine Funktion, die nur positive Werte von x zuläßt und die mit größer werdenden Werten von x zuerst ansteigt und dann langsam fällt. Sie hat einen Scheitelpunkt für

$$x = c \sqrt[b]{\frac{b-1}{b}}.$$

Für bestimmte Parameterwerte b und c sind für Werte von x die entsprechenden Werte von $P\,(x)$ in der folgenden Tabelle zusammengestellt und in Abb. 14 graphisch aufgetragen.

Weibull-Verteilung (b = c = 2)

x	$P\,(x)$	x	$P\,(x)$
0	0,000 000	1,6	0,421 834
0,2	0,099 004	1,8	0,400 373
0,4	0,192 158	2,0	0,367 883
0,6	0,274 179	2,5	0,262 072
0,8	0,340 858	3,0	0,158 457
1,0	0,389 400	3,5	0,082 951
1,2	0,418 606	4,0	0,038 604
1,4	0,428 838		

Diese Verteilung wurde zuerst von W. WEIBULL zur Untersuchung von Ermüdungserscheinungen in Wellenlagern eingeführt[1]. Die Beziehung (21) stellt allerdings eine besondere Weibull-Verteilung dar, nämlich eine solche, die im Koordinatenursprung beginnt. Läßt man diese Einschränkung fallen, so ergibt sich die allgemeine Form dieser Verteilung:

$$P\,(x) = \frac{b}{c}\left(\frac{x}{c}\right)^{b-1} e^{-\left(\frac{x-m}{c}\right)^{b}}. \tag{21 a}$$

Der Parameter $1/b$ beeinflußt die Form der Verteilung (engere oder weitere Verteilung) und der Parameter c deren Größe (Maßstab). Der Wert m endlich gibt den Ursprung der Verteilung an. Wird $b = 1$, so geht die

---

[1] WEIBULL, WALODDI: Efficient Methods for Estimating Fatigue Life Distributions of Roller Bearings (Proceedings of a Symposium on Rolling Contact Phenomena, General Motors Corporation, 1960, S. 252—265).

Weibull-Verteilung in die negative *Exponential-Verteilung* über. Setzt man für $b = 3{,}226$, so ergibt die Weibull-Verteilung eine gute Annäherung an die Normalverteilung.

Die Weibull-Verteilung ist bekanntlich besonders für die technische Statistik (statistische Qualitätsüberwachung) bedeutsam. Doch scheint sie auch für ökonomische Probleme mit Erfolg verwendet worden zu sein[1].

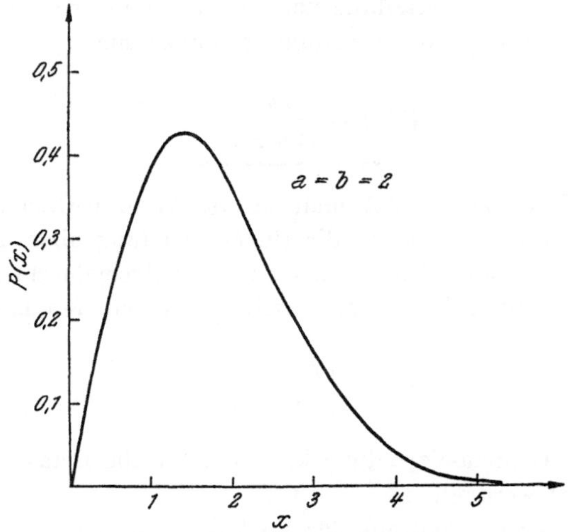

Abb. 14. Weibull-Verteilung

$$P(x) = \frac{b}{a} \left(\frac{x}{a}\right)^{b-1} e^{-\left(\frac{x}{a}\right)^{b}}$$

Es dürfte sich hier um einen der ersten Versuche handeln, diese Verteilung auf wirtschaftliche Probleme anzuwenden. Die Weibull-Verteilung eignet sich vor allem für Erscheinungen, die nach unten (kleine Abszissenwerte) begrenzt, nach oben (hohe Abszissenwerte) aber unbegrenzt sind. Die angeführte Arbeit von THORELLI-HIMMELBAUER zeigt, daß diese Verteilung auch für Untersuchungen von Lohnverhältnissen, d. h. also ein Untersuchungsobjekt, das nach unten begrenzt ist, gute Dienste leisten kann.

Gehorcht der Parameterausdruck aus der Weibull-Verteilung $\left(\frac{1}{c}\right)^{b}$ der Gamma-Funktion, deren Dichtefunktion

$$f(a) = K \, a^{k-1} \, e^{-da}$$

ist, worin

$$a = \left(\frac{1}{c}\right)^{b} \quad \text{und} \quad k = \frac{d^{k}}{\Gamma(k)}$$

---

[1] THORELLI, HANS B., and WILLIAM G. HIMMELBAUER: Executive Salaries: Analysis of Dispersion Pattern (Metron, Bd. XXVI, 1967, S. 114—149).

sind, so ergibt sich die Dichtefunktion der *verbundenen Weibull-Verteilung* oder *Weibull-Gamma-Verteilung*

$$P\,(x) = \int\limits_{0}^{\infty} P\,(x)\, f\,(a)\, d\,a = \frac{b\,k\,d\,x^{b-1}}{(x^{b}+d)^{k+1}} \tag{22}$$

wo $P\,(x)$ die Beziehung (21) ist. Was die Parameter betrifft, ist $x \geqq 0$ und $b,\,d,\,k > 0$.[1] Diese Verteilung umfaßt auch die *Verteilung von Burr*[2]. Diese ist durch die folgende Beziehung gekennzeichnet:

$$P\,(x) = \frac{b\,k\,x^{b-1}}{(1+x^{b})^{k+1}} \tag{23}$$

mit $x \geqq 0$ und $b,\,k \geqq 1$. Setzt man in die Weibull-Gamma-Verteilung $d = 1$, so geht diese offenbar in die Burr-Verteilung über. Die Weibull-Gamma-Verteilung kann deshalb als eine verallgemeinerte Burr-Verteilung betrachtet werden. Die Burr-Verteilung hat ein Maximum bei

$$x = \sqrt[b]{\frac{b-1}{b\,k+1}}\,.$$

Die Weibull-Gamma-Verteilung kann auch in die Beta- und F-Verteilung übergeführt werden[1].

Es hat sich gezeigt, daß aus der Weibull-Verteilung die Exponential-Verteilung gewonnen werden kann. Diese leitet sich aber auch aus einer anderen, für die Statistik und besonders für das Operations Research wichtigen Verteilung ab, nämlich von der *Erlang-Verteilung*. Diese ist zu Beginn des 20. Jahrhunderts durch ERLANG für bestimmte Übertragungsprobleme im Telefonverkehr entwickelt worden. Sie ist durch die folgende Funktion gekennzeichnet:

$$P\,(x) = \frac{m^{k}\,x^{k-1}\,e^{-m\,x}}{(k-1)!} \tag{24}$$

wo m und k Parameter sind. Diese Verteilung ist für die Parameterwerte $m = 3$ und $k = 5$ in der folgenden Tabelle zusammengestellt und in Abb. 15 graphisch dargestellt.

---

[1] DUBEY, SATYA D.: A Compound Weibull Distribution (Nav. Res. Logist. Quart., Vol. 15, 1968, No. 2, Juni, S. 179—188).

[2] BURR, IRVING W.: Cumulative Frequency Functions (Ann. Math. Statist., Bd. 13, 1942, S. 215—232).

BURR, IRVING W., and PETER J. CISLAK: On a General System of Distributions. I. Its Curve-shape Characteristics. II. The Sample Median (J. Amer. Statist. Ass., Vol. 63, 1968, No. 322, Juni, S. 627—635).

BURR, IRVING W.: On a General System of Distributions. III. The Sample Range (J. Amer. Statist. Ass., Vol. 63, 1968, No. 322, Juni, S. 636—643).

Erlang-Verteilung (m = 3, k = 5)

x	$P(x)$	x	$P(x)$
0	0,000 00	1,8	0,480 42
0,2	0,008 89	2,0	0,401 76
0,4	0,078 06	2,5	0,217 53
0,6	0,217 02	3,0	0,098 42
0,8	0,377 47	3,5	0,045 57
1,0	0,504 12	4,0	0,015 55
1,2	0,591 85	4,5	0,004 15
1,4	0,623 11	5,0	0,000 00
1,6	0,615 77		

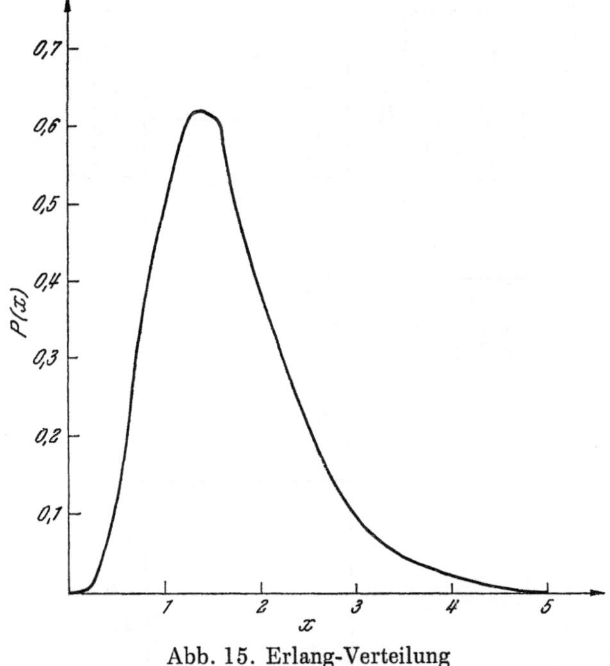

Abb. 15. Erlang-Verteilung
$m = 3,\ k = 5$

Den größten Wert erreicht diese Verteilung für

$$x = \frac{k-1}{m}.$$

Kehren wir zurück zur Weibull-Verteilung. Setzt man in Formel (21) $b = c = 1$, so ergibt sich die *negative Exponentialverteilung*

$$P(x) = e^{-x} \tag{25}$$

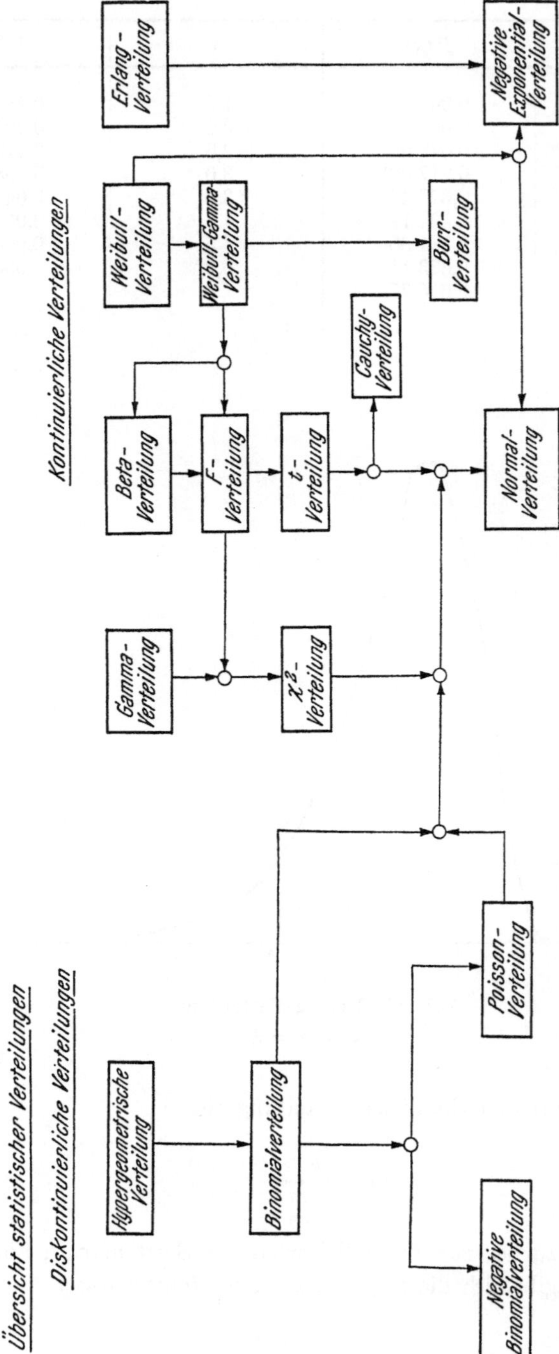

Übersicht statistischer Verteilungen
Kontinuierliche Verteilungen
Diskontinuierliche Verteilungen
Erlang-Verteilung
Negative Exponential-Verteilung
Weibull-Verteilung
Weibull-Gamma-Verteilung
Burr-Verteilung
Cauchy-Verteilung
Beta-Verteilung
F-Verteilung
t-Verteilung
Normal-Verteilung
Gamma-Verteilung
χ^2-Verteilung
Poisson-Verteilung
Hypergeometrische Verteilung
Binomialverteilung
Negative Binomialverteilung

oder in allgemeiner Form

$$P(x) = k\,e^{-kx} \tag{25 a}$$

$0 < x < \infty$.

Diese Verteilung ist vor allem für Wartezeitprobleme im Operations Research von Bedeutung.

Es hat sich gezeigt, daß eine Vielzahl von statistischen Verteilungen in irgendeiner Weise zusammenhängen. Dieser Zusammenhang kann durch die folgende Übersicht veranschaulicht werden.

Es stellt sich deshalb die Frage, ob bestimmte Verteilungen zu Familien zusammengefaßt werden können. Diese Frage kann bejaht werden. Eine sehr bekannte Verteilungsfamilie ist durch KARL PEARSON zusammengestellt worden.

K. PEARSON geht von einer Dichtefunktion $y = f(x)$ aus, die der Differentialgleichung

$$y' = \frac{dy}{dx} = \frac{y\,(x+a)}{b_0 + b_1\,x + b_2\,x^2} \tag{26}$$

genügt, worin a, b_0, b_1 und b_2 Parameter darstellen. Die Verteilungstypen, die sich aus dieser Differentialgleichung ableiten lassen, sind durch die Beziehung

$$K = \frac{b_1{}^2}{4\,b_0\,b_2} \tag{26 a}$$

gekennzeichnet. Diese ergibt sich nämlich aus der Lösung der Beziehung $b_0 + b_1 x + b_2 x^2 = 0$. Die Lösung ist bekanntlich

$$x_{1,2} = \frac{-b_1 \pm \sqrt{b_1{}^2 - 4\,b_0\,b_2}}{2\,b_2}.$$

Hier kommt es nun auf den Ausdruck unter der Wurzel an, d. h. auf das Verhältnis zwischen $b_1{}^2$ und $4\,b_0\,b_2$. Dieses Verhältnis ist gleich K gesetzt. Dieser Wert K kann noch folgendermaßen geschrieben werden:

$$K = \frac{\beta_1\,(\beta_2 + 3)^2}{4\,(4\,\beta_2 - 3\,\beta_1)\,(2\,\beta_2 - 3\,\beta_1 - 6)} \tag{26 b}$$

wo

$$\beta_1 = \frac{\mu_3{}^2}{\mu_2{}^3} \quad \text{und} \quad \beta_2 = \frac{\mu_4}{\mu_2{}^2}$$

bedeuten[1].

---

[1] Die Parameter $\mu_i{}^m$ ($i = 2, 3, 4$; $m = 1, 2, 3$) sind wichtige Kennzahlen der Statistik, auf die später näher eingegangen wird; sie werden als statistische Momente bezeichnet.

Ist $K < 0$, so ergibt sich der erste Pearsonsche Verteilungstyp, die *Typ-I-Verteilung*. Sie ist durch die folgende Beziehung gekennzeichnet:

$$P(x) = A\,(x-a)^{p-1}\,(b-x)^{q-1} \qquad (27)$$

$a < x < b$

a, b, p, q und A sind Parameter. Setzt man $a = 0$ und $b = 1$, so ergibt sich die Beta-Verteilung. Ist andrerseits $p = q = \frac{1}{2}\,b^2$ und $a = -b$, wobei b gegen Unendlich streben kann, so ergibt sich als Grenzfall die Normalverteilung.

Ist in der Beziehung (26 b) $\beta_1 = 0$ und $\beta_2 < 3$, so ergibt sich die *Pearson-Typ-II-Verteilung*, die durch die folgende Beziehung gekennzeichnet ist:

$$P(x) = A\left(1 - \frac{x^2}{a^2}\right)^m \qquad (28)$$

$-a \leqq x \leqq a.$

Die Werte A, a und m lassen sich aus den folgenden Ausdrücken berechnen:

$$A = \frac{1}{a}\frac{\Gamma(m+3/2)}{\sqrt{\pi}\;\Gamma(m+1)} \qquad (28\,\text{a})$$

$$a^2 = \frac{2\,\mu_2\,\beta_2}{3 - \beta_2} \qquad (28\,\text{b})$$

$$m = \frac{5\,\beta_2 - 9}{6 - 2\,\beta_2}. \qquad (28\,\text{c})$$

Wird in der Beziehung (26 b) der Ausdruck $(2\,\beta_2 - 3\,\beta_1 - 6) = 0$ gesetzt, so erhält man die *Pearson-Typ-III-Verteilung:*

$$P(x) = A\left(1 + \frac{x}{a}\right)^p e^{-\gamma x}. \qquad (29)$$

$-a \leqq x < \infty.$

Hierin bedeuten die Parameter A, a und γ folgendes:

$$A = \frac{p^{p+1}}{a\,e^p\,\Gamma(p+1)} \qquad (29\,\text{a})$$

$$a = \frac{4}{\beta_1} - 1 = \frac{p}{\gamma} \qquad (29\,\text{b})$$

$$= \frac{2\,\mu_2}{\mu_3}. \qquad (29\,\text{c})$$

Diese Verteilung kann als eine Verallgemeinerung der χ^2-Verteilung angesehen werden.

Liegt der Kennwert K zwischen 0 und 1, ist also $0 < K < 1$, so folgt die *Pearson-Typ-IV-Verteilung:*

$$P(x) = A \left(1 - \frac{x^2}{a^2}\right)^{-m} e^{-n \tan^{-1} \frac{x}{a}} \qquad (30)$$

$-\infty < x < \infty.$

Die Parameter können aus den folgenden Formeln berechnet werden:

$$A = \frac{1}{F(2m-2, n)} \qquad (30\,\text{a})$$

mit

$$F(m, n) = \int_{-\pi/2}^{\pi/2} (\cos y)^m \, e^{-ny} \, dy$$

und

$$2m - 2 = r = \frac{6(\beta_2 - \beta_1 - 1)}{2\beta_2 - 3\beta_1 - 6}$$

$$a = \sqrt{\frac{k\,\mu_2{}'}{16}} \qquad (30\,\text{b})$$

mit

$$k = 16(r-1) - \beta_1(r-2)^2.$$

Ist $K = 1$, so ergibt sich die *Pearson-Typ-V-Verteilung*

$$P(x) = A\,x^{-p}\,e^{-n/x}. \qquad (31)$$

Hier bedeuten die Parameter:

$$A = \frac{n^{p-1}}{\Gamma(p-1)} \qquad (31\,\text{a})$$

$$p = 4 + \frac{8 + 4\sqrt{\beta_1 + 4}}{\beta_1} \qquad (31\,\text{b})$$

$$n = (p-2)\sqrt{\mu_2(p-3)}. \qquad (31\,\text{c})$$

Für $n = 0$ ergibt sich die Pareto-Verteilung.

Die *Pearson-Typ-VI-Verteilung* entsteht, wenn $K > 1$ ist. Sie ist durch die folgende Beziehung gekennzeichnet.

$$P(x) = A(x-a)^n\,x^{-m} \qquad (32)$$

$a \leqq x < \infty$

A, a, n und m sind wiederum Parameter, die aus den folgenden Formeln hervorgehen:

Es ist:

$$A = a^{m-n-1} \frac{\Gamma(m)}{\Gamma(n+1)\,\Gamma(m-n-1)} \qquad (32\,\mathrm{a})$$

$$n = \frac{r-2}{2} + \frac{r\,(r+2)}{2} \sqrt{\frac{\beta_1}{\beta_1\,(r+2)^2 + 16\,(r+1)}} \qquad (32\,\mathrm{b}_1)$$

$$-m = \frac{r-2}{2} - \frac{r\,(r+2)}{2} \sqrt{\frac{\beta_1}{\beta_1\,(r+2)^2 + 16\,(r+1)}} \qquad (32\,\mathrm{b}_2)$$

mit

$$r = \frac{6\,(\beta_2 - \beta_1 - 1)}{6 + 3\,\beta_1 - 2\,\beta_2} \qquad (32\,\mathrm{c})$$

$$a = \frac{1}{2} \sqrt{\mu_2}\, \sqrt{\beta_1\,(r+2)^2 + 16\,(r+1)}\,. \qquad (32\,\mathrm{d})$$

Wird in der Beziehung (26 b) $\beta_1 = 0$ und $\beta_2 > 3$ gesetzt, so findet man die *Pearson-Typ-VII-Verteilung*:

$$P(x) = A \left(1 + \frac{x^2}{a^2}\right)^{-m} \qquad (33)$$

$-<\infty\,x<\infty$.

Die Parameter lassen sich nach den folgenden Formeln berechnen:

$$A = \frac{\Gamma(m)}{a\,\sqrt{\pi}\,\Gamma\left(m - \dfrac{1}{2}\right)} \qquad (33\,\mathrm{a})$$

$$m = \frac{5\,\beta_2 - 9}{2\,\beta_2 - 6} \qquad (33\,\mathrm{b})$$

$$a^2 = \frac{2\,\mu_2\,\beta_2}{\beta_2 - 3}\,. \qquad (33\,\mathrm{c})$$

Die Pearsonsche Verteilungsfamilie ist nachfolgend etwas übersichtlicher aufgeführt:

$K < 0$	Typ- I-Verteilung
$0 < K < 1$	Typ- IV-Verteilung
$K = 1$	Typ- V-Verteilung
$K > 1$	Typ- VI-Verteilung
$\beta_1 = 0\ \ \beta_2 < 3$	Typ- II-Verteilung
$\beta_1 = 0\ \ \beta_2 > 3$	Typ-VII-Verteilung
$2\,\beta_2 - 3\,\beta_1 - 6 = 0$	Typ- III-Verteilung

Die bisherigen Ausführungen über statistische Verteilungen dürften gezeigt haben, wie vielfältig dieses Gebiet der Statistik ist, obwohl hier nur die wichtigsten Verteilungstypen vorgeführt worden sind. Die angeführten Verteilungen dürften aber für praktische Zwecke genügen. Wir wollen uns deshalb einer weiteren Gruppe beschreibender Grundverfahren in der Statistik zuwenden.

3.3. Maßzahlen der Lage

In der Statistik fallen die Beobachtungsergebnisse in der Regel in ungeordneter Weise an. Eine erste Aufgabe der Statistik besteht folglich darin, diese Ergebnisse zu ordnen. Dies geschieht dadurch, daß man für diese Ergebnisse eine geeignete Häufigkeitsverteilung sucht. Eine Auswahl solcher Häufigkeitsverteilungen ist im Abschnitt 3.2 gegeben worden.

Eine weitere grundlegende Aufgabe jeder statistischen Untersuchung besteht darin, umfassende kennzeichnende Zahlen für die solchermaßen geordneten Beobachtungsergebnisse oder Kollektive zu bestimmen. Es wird also versucht, die durch ein statistisches Kollektiv von Elementen vermittelten Informationen zu konzentrieren, ohne dabei zuviel an ursprünglichem Informationsgehalt zu verlieren, denn jede Raffung dieser Art ist mit einem Verlust an Informationsgehalt beim Kollektiv verbunden. Schon die Kennzeichnung eines statistischen Kollektivs durch eine Häufigkeitsverteilung und somit durch die dieser Verteilung entsprechenden mathematischen Funktion stellt eine solche Informationskonzentration dar.

Die Maßzahlen der Lage oder Mittelwerte gliedern sich in zwei Gruppen, nämlich berechnete Mittelwerte und lagebestimmte Mittelwerte. Die *berechneten Mittelwerte* werden durch einen bestimmten Rechenvorgang gewonnen; die *lagebestimmten Mittelwerte* hingegen ergeben sich auf Grund ihrer Lage bezüglich der gegebenen Merkmalswerte. Nachfolgend sollen zuerst die berechneten Mittelwerte dargelegt werden.

Ergäbe die Beobachtung eines Ereignisses stets gleiche Merkmalswerte, d. h. bestände ein Kollektiv aus gleichen Merkmalswerten oder, einfacher ausgedrückt, aus gleichen Zahlen, so könnte ein Zahlenwert angeben werden, der alle Merkmalswerte vollständig beschreibt. Dieser Zahlenwert wäre gleich einem beliebigen Merkmalswert, da ja alle Merkmalswerte voraussetzungsgemäß unter sich gleich sind. In einem solchen Falle wäre kein Informationsverlust zu verzeichnen.

Bezeichnet man die Merkmalswerte mit $x_1, x_2, \ldots x_i, \ldots x_n$, so wäre im angeführten Falle

$$x_1 = x_2 = \ldots = x_i = \ldots x_n = x.$$

Der Wert x stellt also eine Maßzahl dar, die das Kollektiv, bestehend aus den einzelnen Werten x_i $(i = 1, 2, \ldots n)$, vollständig, d. h. informationsverlustlos kennzeichnet. In der Regel sind aber die einzelnen Merkmalswerte x_i unter sich ungleich. Das allgemeine Problem besteht also darin, eine Maßzahl zu finden, die solche Merkmalswerte mit möglichst geringem Informationsverlust kennzeichnet. Doch dieses Problem kann nur gelöst werden, wenn bestimmte Annahmen über die Beziehung zwischen den einzelnen Merkmalswerten x_i und den sie kennzeichnenden Wert x getroffen werden.

Bekanntlich entsteht kein Informationsverlust beim Ersetzen der einzelnen Merkmalswerte durch eine sie kennzeichnende Maßzahl, wenn die einzelnen Merkmalswerte einander gleich sind. In diesem Falle ist

$$x_i - x = 0. \qquad\qquad (i = 1, 2, \ldots n)$$

Je mehr nun die Merkmalswerte x_i von der Maßzahl x abweichen, desto mehr weicht diese Differenz vom Werte Null ab und desto größer ist folglich der durch die Einführung der Maßzahl x bedingte Informationsverlust. Es ist also naheliegend, diese Differenz für alle Merkmalswerte zu bilden und ihre Summe als ein Kriterium für den Informationsverlust heranzuziehen. Nimmt man an, daß das Kollektiv informationsverlustlos durch die Maßzahl x dargestellt werden kann, so folgt daraus die Beziehung:

$$\sum_{i=1}^{n} (x_i - x) = 0. \qquad\qquad (34)$$

Entwickelt man diese Beziehung, so ergibt sich:

$$\sum_{i=1}^{n} (x_i) - n\,x = 0$$

oder

$$x = \bar{x} = \frac{\sum\limits_{i=1}^{n} x_i}{n}. \qquad\qquad (35)$$

Dieser derart bestimmte Wert von x, den wir mit $\bar{x}$ bezeichnen wollen, stellt nun eine wichtige Maßzahl zur Kennzeichnung des Kollektivs dar; es ist das *arithmetische Mittel (AM)* aus den Merkmalswerten x_i.

Auf Grund seiner Entstehung haften dem arithmetischen Mittel bestimmte Eigenschaften an. So ist die algebraische Summe der Abweichungen der einzelnen Merkmalswerte x_i von ihrem arithmetischen Mittel gleich Null, eine Eigenschaft, die unmittelbar aus der eingeführten Grundannahme folgt. Weiter ist die Summe der Abweichungsquadrate der einzelnen Merkmalswerte x_i von einem beliebigen Wert a dann ein Minimum, wenn $a = \bar{x}$ ist. Diese Eigenschaft läßt sich folgendermaßen ableiten

$$\sum_{i=1}^{n} (x_i - a)^2 = \sum_{i=1}^{n} (x_i^2 - 2\,a\,x_i + a^2) = \sum_{i=1}^{n} (x_i^2) - 2\,a \sum_{i=1}^{n} x_i + n\,a^2 =$$

$$= a^2 - 2\,a\,\frac{\sum\limits_{i=1}^{n} x_i}{n} + \frac{\sum\limits_{i=1}^{n} x_i^2}{n}.$$

Für diesen Ausdruck kann man auch schreiben:

$$w^2 + p\,w + q$$

worin

$$a = w, \quad -2\,\frac{\sum\limits_{i=1}^{n} x_i}{n} a = p\,w = p\,a$$

und

$$\frac{\sum\limits_{i=1}^{n} x_i^2}{n} = q$$

sind. Hierin ist $a = w$ der gesuchte Mittelwert, also variabel, und p und q sind konstant, d. h. vom Werte a frei.

$$w^2 + p\,w + q = \left(w + \frac{p}{2}\right)^2 + \left(q - \frac{p^2}{4}\right).$$

Hier stellt der erste Klammerausdruck den variablen Teil der Beziehung dar und der zweite Klammerausdruck den konstanten Teil. Die Summe dieser beiden Klammerausdrücke ist bekanntlich dann am kleinsten, wenn

$$\left(w + \frac{p}{2}\right) = 0.$$

Dies ist aber dann der Fall, wenn $w = -\dfrac{p}{2}$ ist. Macht man die Substitutionen rückgängig, so findet man, daß der eingangs eingeführte Ausdruck dann zu einem Minimum wird, wenn $w = a = \dfrac{\sum\limits_{i=1}^{n} x_i}{n} = \bar{x}$ ist.

Für die praktische Berechnung des arithmetischen Mittels ist die folgende Eigenschaft bedeutsam. Ist A irgendein gewählter oder angenommener Wert für $\bar{x}$ und ist $d_i = x_i - A$ die Abweichung von x_i bezüglich A, so erhält man für $\bar{x}$ die Beziehung:

$$\bar{x} = A + \frac{\sum_{i=1}^{n} d_i}{n}. \tag{36}$$

Diese Beziehung geht aus der folgenden Ableitung hervor:

$$\bar{x} = \frac{\sum_{i=1}^{n} x_i}{n} = \frac{\sum_{i=1}^{n} [(x_i - A) + A]}{n} = \frac{\sum_{i=1}^{n} (x_i - A) + nA}{n} = A + \frac{\sum_{i=1}^{n} (x_i - A)}{n}$$

$$= A + \frac{\sum_{i=1}^{n} d_i}{n}.$$

Das arithmetische Mittel ist auf Grund der Annahme entstanden, daß die Summe der Differenzen zwischen den einzelnen Merkmalswerten und dem arithmetischen Mittel gleich Null sei, sofern vorausgesetzt wird, daß dieser statistische Parameter das Kollektiv informationsverlustlos darstellt. Es wäre aber auch eine andere Annahme möglich.

Bestände das Kollektiv aus unter sich gleichen Merkmalswerten x_i $(i = 1, 2, \ldots n)$ und würde man nun statt der Differenz das Verhältnis aus den Merkmalswerten und dem gesuchten Parameter bilden, so wären diese Verhältnisse alle gleich Eins, d. h.

$$\frac{x_i}{x} = 1.$$

Würde man weiter das Produkt aus allen diesen Verhältnissen bilden, so ergäbe sich wiederum der Wert Eins. Es ergäbe sich also die folgende Beziehung:

$$\prod_{i=1}^{n} \frac{x_i}{x} = 1. \tag{37}$$

Daraus folgt nun

$$\prod_{i=1}^{n} x_i = x^n \quad \text{und} \quad x = \sqrt[n]{\prod_{i=1}^{n} x_i}. \tag{38}$$

Auch diese Maßzahl x stellt einen bekannten statistischen Parameter dar, das *geometrische Mittel (GM)*.

Damit haben wir uns schon zwei Maßzahlen der Lage oder statistische Mittelwerte gewonnen. Es stellt sich die Frage, ob es noch weitere Mittelwerte gibt und welches ihre Definitionsformeln sind. Schon die Pythagoräer kannten drei Mittelwerte. Diese können für den Sonderfall, daß das Kollektiv nur aus zwei Merkmalswerten besteht, aus den folgenden Proportionen gewonnen werden:

$$x_1 : x_1 = (x_1 - x) : (x - x_2)$$
$$x_1 : x \ = (x_1 - x) : (x - x_2)$$
$$x_1 : x_2 = (x_1 - x) : (x - x_2).$$

Aus der ersten Proportion entwickelt man unschwer

$$x = \frac{x_1 + x_2}{2} = AM.$$

Aus der zweiten Proportion ergibt sich

$$x = \sqrt{x_1 x_2} = GM.$$

Die letzte Proportion endlich führt zur folgenden Mittelwertsformel

$$x = \frac{2 x_1 x_2}{x_1 + x_2}. \tag{39}$$

Diese Beziehung wird das *harmonische Mittel (HM)* genannt.

Der römische Philosoph und Staatsmann Anicius Mantius Torquatus Severinus Boethius (480—525) führte in seiner Schrift „De Institutione Arithmetica" schon zehn Mittelwerte auf. Er hat auch eine weitere Proportion eingeführt, die zu einem weiteren Mittelwert, dem *antiharmonischen Mittel (AHM)* führt, nämlich

$$x_2 : x_1 = (x_1 - x) : (x - x_2).$$

Daraus läßt sich das antiharmonische Mittel bestimmen, das durch die folgende Beziehung dargestellt ist:

$$x = \frac{x_1{}^2 + x_2{}^2}{x_1 + x_2}. \tag{40}$$

Die erstgenannten drei Mittelwerte wurden von Boethius wie auch später von Jean Bodin oder Bodinus (1530—1596) als mathematische Symbole der drei klassischen Staatsformen der Demokratie (arithmetisches Mittel), der Aristokratie (geometrisches Mittel) und der gemäßigten Monarchie (harmonisches Mittel) betrachtet.

Wie die angeführten Proportionen, bei welchen die rechte Seite unverändert bleibt, auf der linken Seite aber der Wert x_1 zuerst mit sich selber, dann mit x und endlich mit x_2 ins Verhältnis gesetzt wird (und beim antiharmonischen Mittel in der dritten Proportion auf der linken Seite x_1 mit x_2 vertauscht wird), schon erwarten lassen, bestehen zwischen diesen Mittelwerten bestimmte Beziehungen. So gilt zwischen dem arithmetischen und harmonischen Mittel die Beziehung, daß der reziproke Wert des arithmetischen Mittels gleich ist dem harmonischen Mittel der reziproken Zahlenwerte. Weiter zeigt sich, daß das arithmetische Mittel gleich ist dem arithmetischen Mittel aus dem harmonischen und antiharmonischen Mittel.

Aus der Definitionsformel für das harmonische Mittel (39) geht hervor, daß das harmonische Mittel gleich ist dem Kehrwert des arithmetischen Mittels aus den reziproken Werten der Merkmalswerte, d. h.

$$HM = \frac{1}{\dfrac{\dfrac{1}{x_1} + \dfrac{1}{x_2}}{2}}.$$

Daraus läßt sich die allgemeine Formel für das harmonische Mittel ableiten. Sie lautet:

$$HM = \frac{1}{\dfrac{\dfrac{1}{x_1} + \dfrac{1}{x_2} + \ldots + \dfrac{1}{x_n}}{n}} = \frac{n}{\dfrac{1}{x_1} + \dfrac{1}{x_2} + \ldots + \dfrac{1}{x_n}}. \tag{41}$$

Nach MESSEDAGLIA[1] sind fünf Mittelwerte besonders wichtig, nämlich die erwähnten vier Mittelwerte (arithmetisches, geometrisches, harmonisches und antiharmonisches Mittel) sowie das sogenannte *quadratische Mittel (QM)*

$$QM = M_2 = \sqrt{\frac{\sum\limits_{i=1}^{n} x_i^2}{n}}. \tag{42}$$

Statt des Quadrates der Merkmalswerte können auch andere Potenzen eingesetzt werden. So ergeben sich das *kubische Mittel (KM)*

$$KM = M_3 = \sqrt[3]{\frac{\sum\limits_{i=1}^{n} x_i^3}{n}}$$

das *Mittel vierten Grades*

$$M_4 = \sqrt[4]{\frac{\sum\limits_{i=1}^{n} x_i^4}{n}}$$

[1] A. MESSEDAGLIA: Il Calcolo dei Valori Medi e le sue Applicazioni statistiche (Biblioteca dello Economista, Serie V, Vol. 19, 1908).

usw. Ganz allgemein kann eine beliebige Potenz eingesetzt werden. Dies führt zur *allgemeinen potenzierten Mittelwertsformel*

$$M_s = \sqrt[s]{\dfrac{\sum\limits_{i=1}^{n} x_i{}^s}{n}} \tag{43}$$

$(-\infty < s < \infty)$.

Da s jeden beliebigen ganzen Wert zwischen $-\infty$ und ∞ annehmen kann, folgt aus dieser Formel, daß sich unendlich viele Mittelwerte bilden lassen. Für $s = -1$ ergibt sich das harmonische Mittel. Weniger offensichtlich ist das Ergebnis für $s = 0$. Dieses folgt aus der folgenden Ableitung.

Es sei $\sum\limits_{i=1}^{n} x_i{}^s = S_s$ gesetzt. Formel (43) kann dann auch folgendermaßen geschrieben werden:

$$M_s = \left(\frac{S_s}{n}\right)^{\frac{1}{s}}$$

Logarithmiert man auf beiden Seiten, so ergibt sich

$$\log M_s = \frac{\log S_s - \log n}{s}.$$

Nun bestimmt man den Grenzübergang dieser Funktion für $s = 0$.

$$\lim_{s=0} \log M_s = \left.\frac{\dfrac{d\,(\log S_s - \log n)}{d s}}{\dfrac{d s}{d s}}\right|_{s=0} =$$

$$= \left.\frac{d \log S_s}{d s}\right|_{s=0} =$$

$$= \left.\frac{d \log S_s}{d S_s}\,\frac{d S_s}{d s}\right|_{s=0} =$$

$$= \left.\frac{\sum\limits_{i=1}^{n} x_i^s \log x_i}{\sum\limits_{i=1}^{n} x_i^s}\right|_{s=0} =$$

$$= \frac{\sum\limits_{i=1}^{n} \log x_i}{n}.$$

Dieses Resultat entspricht aber dem geometrischen Mittel.

Weiter stellt sich die Frage, innerhalb welcher Grenzen M_s sich bewegen kann. Zur Beantwortung dieser Frage bilden wir das Verhältnis

$$\frac{S_{s+1}}{S_s} = \frac{\sum\limits_{i=1}^{n} x_i^{s+1}}{\sum\limits_{i=1}^{n} x_i^{s}} = \frac{x_n^{s+1}\left[\left(\dfrac{x_1}{x_n}\right)^{s+1} + \ldots + \left(\dfrac{x_{n-1}}{x_n}\right)^{s+1} + 1\right]}{x_n^{s}\left[\left(\dfrac{x_1}{x_n}\right)^{s} + \ldots + \left(\dfrac{x_{n-1}}{x_n}\right)^{s} + 1\right]}.$$

Dabei sei angenommen, daß

$$x_1 < x_2 < x_3 < \ldots < x_n.$$

Unter dieser Voraussetzung ist das Verhältnis

$$\frac{x_{n-1}}{x_n}$$

kleiner als Eins und strebt mit größer werdenden Werten von s gegen Null. Somit ist

$$\lim_{s \to \infty} \frac{S_{s+1}}{S_s} = \frac{x_n^{s+1}}{x_n^{s}} = x_n$$

d. h. die Werte von M_s sind nach oben $(s \to \infty)$ durch den größten Merkmalswert x_n begrenzt.

Um die Begrenzung von M_s nach unten zu bestimmen, wird das Verhältnis

$$\frac{S_{-s}}{S_{-(s+1)}} = \frac{\dfrac{1}{x_1^{s}}\left[1 + \left(\dfrac{x_1}{x_2}\right)^{s} + \ldots + \left(\dfrac{x_1}{x_n}\right)^{s}\right]}{\dfrac{1}{x_1^{s+1}}\left[1 + \left(\dfrac{x_1}{x_2}\right)^{s+1} + \ldots + \left(\dfrac{x_1}{x_n}\right)^{s+1}\right]}$$

gebildet. Für $s \to \infty$ streben die beiden Klammerausdrücke dem Werte Eins zu. Es gilt somit die Beziehung

$$\lim_{s \to \infty} \frac{S_{-s}}{S_{-(s+1)}} = \frac{x_1^{s+1}}{x_1^{s}} = x_1$$

d. h. der Wert von M_s ist nach unten durch den kleinsten Merkmalswert x_1 begrenzt.

Da nun offenbar die Beziehung

$$\frac{S_s}{S_{s-1}} < \frac{S_{s+1}}{S_s}$$

besteht, nehmen die Mittelwerte M_s mit größer werdenden Werten von s zu. Die Formel (43) gibt also auch über die Größenordnung der einzelnen Mittelwerte Auskunft. So ist beispielsweise das harmonische Mittel ($s = -1$) kleiner als das geometrische Mittel ($s = 0$), dieses kleiner als das arithmetische Mittel ($s = 1$), dieses kleiner als das quadratische Mittel ($s = 2$) usw. Es ist also

$$s \quad : -\infty \ldots \quad -1 \quad\quad 0 \quad\quad 1 \quad\quad 2 \quad \ldots \infty$$
$$M_s : x_1 < \ldots < HM < GM < AM < QM < \ldots < x_n$$

Formel (43) zeigt also, daß sich ein Mittelwert stets zwischen dem kleinsten und dem größten Merkmalswert befinden muß. Diese Bedingung bezeichnet man als die Lagebedingung für Mittelwerte. Sie ist schon von AUGUSTIN LOUIS CAUCHY (1789—1857) hervorgehoben worden.

Daneben bestehen aber noch weitere Bedingungen für Mittelwerte, nämlich:

Gleichheitsbedingung:

$$x_1 = x_2 = \ldots = x_n = M_s$$

Folgebedingung:

$$M_s = f(x_1, x_2, \ldots x_i\, x_{i+1}\, x_n) = f(x_1, x_2, \ldots x_{i+1}, x_i, \ldots x_n)$$

Symmetriebedingung:

$$x_1, x_2, \ldots M_s \ldots x_{n-1}, x_n$$
$$x_1, x_{n-1} \ldots M_s{}' \ldots x_2, x_n$$
$$M_s = M_s{}'.$$

Die Gleichheitsbedingung besagt, daß der Mittelwert gleich den einzelnen Merkmalswerten ist, wenn diese unter sich gleich sind (kleinster Informationsverlust). Die Folgebedingung sagt aus, daß durch Vertauschen von Merkmalswerten die Größe des Mittelwertes nicht beeinflußt wird. Die Symmetriebedingung endlich besagt, daß durch symmetrische Vertauschung von Merkmalswerten bezüglich des Mittelwertes dieser nicht verändert wird.

Der italienische Statistiker UMBERTO RICCI hat im Jahre 1915 noch zwei weitere Bedingungen eingeführt. Ein Mittelwert, so sagt er, muß stetig sein, d. h. er darf sich nicht sprunghaft verändern; weiter sagt er, daß sich ein Mittelwert gleichsinnig mit den Veränderungen der Merkmalswerte ändern muß.

Nach einem anderen italienischen Statistiker, CHISINI[1], soll die klassische Definition eines Mittelwertes nach CAUCHY für die Statistik wenig

---

[1] O. CHISINI: Sul Concetto di Media (Period. Mat., 1929).

brauchbar sein. Ihm zufolge soll ein Mittelwert eine Reihe von Merkmalswerten vereinfachen, indem er zwei oder mehr Werte zu einem einzigen, diesen Zahlen gleichwertigen Ausdruck verschmelzt, ohne dabei das Wesen der zugrunde liegenden Reihe von Merkmalswerten zu verändern.

Eine weitere Verallgemeinerung der Mittelwertsformel ergibt sich, wenn man alle möglichen Produkte aus r ($< n$) Merkmalswerten als Einheiten in die Formel einführt. Von n Merkmalswerten kann man bekanntlich $\binom{n}{r}$ verschiedene Produkte, bestehend aus r Merkmalswerten, bilden. Diese Produkte sind mit $P_1, P_2, \ldots P_{\binom{n}{r}}$ bezeichnet, wo:

$$P_1 = x_1 x_2 \ldots x_r$$
$$P_2 = x_1 x_2 \ldots x_{r-1} x_{r+1}$$
$$\ldots\ldots\ldots\ldots\ldots\ldots\ldots\ldots$$
$$P_{\binom{n}{r}} = x_{n-(r-1)} x_{n-(r-2)} \ldots x_n.$$

Die allgemeine Mittelwertsformel lautet dann:

$$M_{sr} = \sqrt[sr]{\frac{\sum\limits_{j=1}^{\binom{n}{r}} P_j}{\binom{n}{r}}} \tag{44}$$

Für $r = 1$ ergibt sich daraus die allgemeine Mittelwertsformel (43).

Die praktische Statistik stellt uns oft vor Probleme, die mit den herkömmlichen Mittelwerten nicht in befriedigender Weise gelöst werden können. In solchen Fällen wird es notwendig sein, *relative Mittelwerte* einzuführen. Relativ bedeutet hier relativ bezüglich eines bestimmten Merkmals. Ein solches Problem liegt beispielsweise dann vor, wenn eine Größe G von mehreren (z. B. m) Merkmalsreihen, bestehend aus je n Merkmalswerten, abhängt. Es soll also die Beziehung gelten:

$$G = F (R_1, R_2, \ldots R_m)$$

wobei R_i ($i = 1, 2, \ldots m$) die einzelnen Merkmalsreihen und F eine bestimmte Abhängigkeitsfunktion bezeichnen. Stellt sich nun bei dieser Sachlage das Problem, eine der bezüglich G unter sich abhängigen Merkmalsreihen durch einen umfassenden Ausdruck, wie er durch einen Mittelwert gegeben ist, darzustellen, so können die bisher aufgeführten Mittelwertsformeln nicht eingesetzt werden. Unter der Annahme, daß die Abhängigkeitsfunktion durch eine multiplikative Verkettung der potenzierten Merkmalswerte dargestellt werden kann, hat MARTINOTTI[1] die folgende relative Mittelwertsformel vorgeschlagen:

bzw.

$$M_x = \left(\frac{\sum\limits_{i=1}^{n} x_i^{\alpha} y_i^{\beta} z_i^{\gamma} \dots}{\sum\limits_{i=1}^{n} y_i^{\beta} z_i^{\gamma} \dots\dots} \right)^{\frac{1}{\alpha}} \tag{45}$$

$$M_y = \left(\frac{\sum\limits_{i=1}^{n} x_i^{\alpha} y_i^{\beta} z_i^{\gamma} \dots}{\sum\limits_{i=1}^{n} x_i^{\alpha} z_i^{\gamma} \dots\dots} \right)^{\frac{1}{\beta}}. \tag{45a}$$

Die Parameter der Abhängigkeitsfunktion α, β, γ, $\dots$ müssen entweder gegeben sein oder müssen sich durch Annahmen ableiten lassen.

Einzelne Merkmalswerte können nun mehrmals vorkommen. Diese können nun zweckmäßigerweise zusammengefaßt werden, was die Rechnung etwas vereinfacht. Es sei angenommen, daß die Merkmalswerte x_i insgesamt f_i-mal vorkommen ($i = 1, 2, \dots n$). Es sei also:

$$\underbrace{x_1, x_1, \dots}_{f_1} \quad \underbrace{x_2, x_2, \dots}_{f_2} \quad \dots \quad \underbrace{x_n, x_n, \dots}_{f_n}$$

Unter dieser Voraussetzung werden die einzelnen Mittelwertsformeln eine kleine Änderung erfahren. So ist beispielsweise

$$AM = \frac{\sum\limits_{i=1}^{n} f_i x_i}{\sum\limits_{i=1}^{n} f_i} \tag{35a}$$

$$GM = \sqrt[\sum\limits_{i=1}^{n} f_i]{\prod\limits_{i=1}^{n} x_i^{f_i}} \tag{38a}$$

und allgemein

$$M_s = \sqrt[s]{\frac{\sum\limits_{i=1}^{n} f_i x_i^{s}}{\sum\limits_{i=1}^{n} f_i}}. \tag{43a}$$

---

[1] P. MARTINOTTI: Di alcune recenti Medie (Acta Pontif. Acad. Sci., Vol. V, 1941).

Diese Mittelwerte bezeichnet man als *gewichtete Mittelwerte,* wobei die Werte f_i die Gewichte darstellen.

Es wurde eingangs darauf hingewiesen, daß die praktische Statistik neben den soeben dargelegten berechneten Mittelwerten auch noch *lagebestimmte Mittelwerte* oder *Positionsmittelwerte* kennt. Es sollen deshalb nachfolgend noch einige wichtige Mittelwerte dieser Gruppe kurz dargelegt werden. Es soll dabei angenommen werden, daß die betrachteten Elemente nach der Größe ihres Merkmalswertes aufgereiht sind, so z. B. vom Element mit dem kleinsten Merkmalswert bis zu jenem mit dem größten Merkmalswert. Ihre Anzahl sei wiederum n. Greift man nun jenes Element heraus, das ebenso viele Elemente links wie rechts von sich zählt, so bezeichnet man den zu diesem Element zugehörigen Merkmalswert als *Medianwert (ME).* Es sei die folgende Reihe gegeben:

Elemente:	1.	2.	3.	4.	5.	6.	7.
Merkmalswert:	2	4	5	8	11	16	20

Für das vierte Element liegen ebenso viele Elemente links wie rechts von ihm. Der entsprechende Merkmalswert ist 8, d. h. der Medianwert dieser Reihe ist gleich acht. Bei gerader Anzahl Elemente kann kein Element genannt werden, bei welchem ebenso viele Elemente links wie rechts von ihm liegen. Der Medianwert fällt hier zwischen zwei Elemente. In solchen Fällen wird man zweckmäßigerweise das arithmetische Mittel aus den Merkmalswerten dieser beiden Elemente als Medianwert betrachten.

Auch hier können selbstverständlich mehrere Elemente bestehen, die alle den gleichen Merkmalswert aufweisen. Jener Merkmalswert, der am meisten Elemente auf sich vereinigt, wird als *dichtester Wert* oder *Modus (MO)* bezeichnet. Nicht bei jeder Häufigkeitsverteilung muß ein Modus bestehen; andrerseits ist es aber auch möglich, daß eine Verteilung durch mehrere dichteste Werte gekennzeichnet ist. Hat eine Verteilung nur einen Modus, heißt sie *unimodal,* hat sie aber zwei Modi, so nennt man sie *bimodal.* Die folgenden konstruierten Verteilungen haben keinen, einen und zwei Modus-Werte:

kein Modus: x_i: 3,   5,   8, 10, 12, 15, 16

ein Modus: x_i: 2,   2,   5,   7,   9,   9,   9, 10, 10, 11, 12, 18
$$MO = 9$$

zwei Modi: x_i: 2,   3,   4,   4,   4,   5,   5,   7,   7,   7,   9
$$MO_1 = 4 \qquad MO_2 = 7$$

FECHNER hat im Jahre 1897 ein weiteres Positionsmittel eingeführt, den *Scheidewert (MS)*. Er teilt eine größenmäßig geordnete Reihe von Elementen derart in zwei Teile, daß die Summe der Merkmalswerte der Elemente links des Elements, das den Scheidewert kennzeichnet, gleich der Summe der Merkmalswerte der Elemente rechts vom Scheidewert-Element ist.

FECHNER hat noch ein weiteres, erwähnenswertes Positionsmittel definiert, den sogenannten *schwersten Wert (MW)*. Dieser ist gleich dem Merkmalswert, für welchen das Produkt aus dem Merkmalswert und der entsprechenden Häufigkeit der Elemente, die durch diesen Merkmalswert gekennzeichnet sind, am größten ist.

Die lagebestimmten Mittelwerte werden weniger häufig verwendet als die berechneten Mittelwerte, da sie gegen Veränderungen der Merkmalswerte (außer dem Positionsmittel) unempfindlich sind. Für bestimmte Anwendungen jedoch werden einzelne unter ihnen den berechneten Mittelwerten vorgezogen, vor allem dann, wenn auf eine rasche und leichte Ermittlung des Mittelwertes Gewicht gelegt wird und wenn die Lage für den Aussagewert des Mittelwertes bestimmend ist (wie z. B. in der statistischen Qualitätskontrolle).

Für die praktische Bestimmung von Mittelwerten — vor allem der Positionsmittelwerte — haben sich bestimmte *Rechenverfahren* eingebürgert. Auf diese soll nun nachfolgend an Hand einfacher Beispiele eingegangen werden.

Eine erste scheinbare Schwierigkeit ergibt sich, wenn die Anzahl der Elemente n in Merkmalsklassen aufgeteilt ist. Das Problem besteht hier darin, daß statt der einzelnen Merkmalswerte nur Klassengrenzen der Merkmalswerte bekannt sind. Es stellt sich deshalb die Frage, welchen Merkmalswert man als den für die ganze Klasse kennzeichnenden Merkmalswert bezeichnen soll; ist es die untere Klassengrenze, die obere Klassengrenze oder ein anderer Merkmalswert? Ein Beispiel soll dies veranschaulichen.

Als Beispiel soll die Verteilung der landwirtschaftlichen Betriebe in der Schweiz 1965 nach der Betriebsgröße herangezogen werden[1]. Da die Merkmalswerte (Kulturfläche in Hektar) nur in Klassen angegeben ist, muß ein kennzeichnender Merkmalswert gewählt werden. Üblicherweise wird als solcher kennzeichnender Merkmalswert die Klassenmitte angenommen. Man muß sich aber immer bewußt sein, daß es sich um eine Annahme handelt. Richtigerweise müßte die Verteilung der Elemente (Betriebe) innerhalb der Merkmalsklassen (Kulturfläche in Hektar) untersucht und daraus der kennzeichnende Merkmalswert ermittelt wer-

---

[1] Vgl. Abschnitt 3.2, S. 60.

den. Unterstellt man die angeführte vereinfachende Annahme, so ergibt sich für die Berechnung des arithmetischen Mittels die folgende Rechentabelle.

Betriebe nach Betriebsgröße in der Schweiz 1965.
Berechnung des arithmetischen Mittels.

Betriebe mit einer Kulturfläche von .... ha	Anzahl Betriebe f_i	Klassenmitte x_i	Produkt $f_i x_i$
0 — 1	30 459	0,5	15 229,5
1,01 — 5	44 340	3,0	133 020,0
5,01 — 10	39 954	7,5	299 655,0
10,01 — 15	25 503	12,5	318 787,5
15,01 — 20	11 519	17,5	201 582,5
20,01 — 30	7 388	25,0	184 700,0
30,01 — 50	2 552	40,0	102 080,0
50,01 — 70	436	60,0	26 160,0
70,01 — 100	164	85,0	13 940,0
100,01 und mehr	99	150,0	14 850,0
Zusammen	162 414		1 310 004,5

$$AM = \frac{1\ 310\ 004,5}{162\ 414} = 8,066 \text{ ha}$$

Für die höchste offene Klasse (100,01 und mehr) wurde als Klassenmitte der Wert 150 angenommen. Eine andere Berechnungsweise hätte darin bestanden, nach Formel (36) eine erste Schätzung des Mittelwertes A durchzuführen und dann erst das arithmetische Mittel zu berechnen. Man hätte auf diesem Wege das gleiche Resultat erhalten (bei $A = 5$ ha).

Für das gleiche Beispiel soll nun auch der Medianwert bestimmt werden. Obwohl es sich hier um ein Positionsmittel, das bekanntlich durch seine Lage und nicht durch Rechnung bestimmt wird, handelt, wird es in der Regel nach der folgenden Formel berechnet:

$$ME = L_1 + \left(\frac{\frac{\sum\limits_{i=1}^{n} f_i}{2} - F}{f_{ME}} \right) c \qquad (46)$$

worin:

L_1 = untere Klassengrenze der Klasse, die den Median enthält,

F = Summe der Häufigkeit aller Klassen unterhalb der Medianklasse,

f_{ME} = Häufigkeit in der Medianklasse,

c = Klassenbreite der Medianklasse.

Diese Formel läßt sich folgendermaßen ableiten. In Abb. 16 ist eine aufsummierte Häufigkeitsverteilung angegeben. Aus dieser Abbildung läßt sich unschwer die folgende Proportion ableiten:

$$a : x = b : c$$

mit

$$a = \frac{\sum\limits_{i=1}^{n} f_i}{2} - E \quad \text{und} \quad b = f_{ME}$$

daraus folgt

$$x = \frac{\left(\dfrac{\sum\limits_{i=1}^{n} f_i}{1} - F \right) c}{f_{ME}}$$

und

$$ME = L_1 + x$$

woraus die Formel (46) unmittelbar folgt.

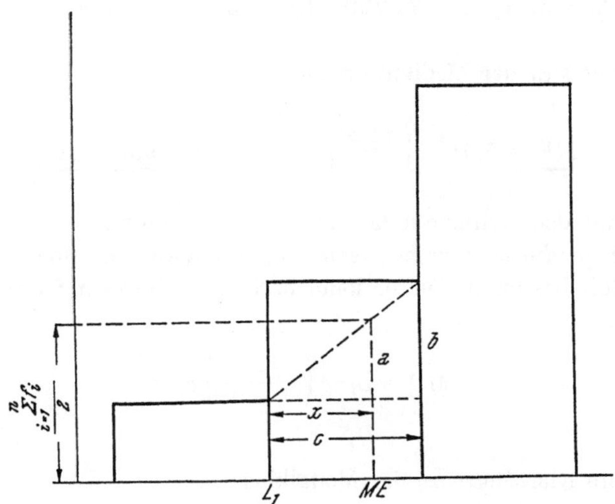

Abb. 16. Rechnerische Bestimmung des Medians

Formel (46) sei nun zur Bestimmung des Medianwertes für das Beispiel der landwirtschaftlichen Betriebe nach Betriebsgröße in der Schweiz 1965 angewendet.

Betriebe nach Betriebsgröße in der Schweiz 1965.
Berechnung des Medianwertes.

Betriebe mit einer Kulturfläche bis .... ha	Aufsummierte Anzahl Betriebe
bis 1	30 459
bis 5	74 799
bis 10	114 753 Medianklasse
bis 15	140 256
bis 20	151 775
bis 30	159 163
bis 50	161 715
bis 70	162 151
bis 100	162 315
Zusammen	162 414

Der Medianwert entspricht jenem Merkmalswert, für welchen die aufsummierte Anzahl Betriebe gleich ist der halben Gesamtzahl der Betriebe, d. h. also 81 207 Betriebe. Bis zur Klasse mit höchstens 5 ha zählt man 74 799 Betriebe; bis zur Klasse mit höchstens 10 ha, d. h. bis zur nächsthöheren Klasse, steigt die Anzahl der Betriebe aber schon auf 114 753 an. Der Medianwert wird also in der Klasse 5,01—10 ha liegen. Es ist folglich:

$$L_1 = 5{,}01 \quad F = 74\,799 \quad f_{ME} = 39\,954 \text{ und } c = 5.$$

Daraus ergibt sich der Medianwert zu:

$$ME = 5{,}01 + \left(\frac{81\,207 - 74\,799}{39\,955} \right) 5 = 9{,}020 \text{ ha}$$

verglichen mit dem arithmetischen Mittel von 8,066 ha.

Für die gleiche empirische Verteilung sei auch der Modus oder der dichteste Wert bestimmt. Dieser kann nach der folgenden Formel berechnet werden:

$$MO = L_1 + \left(\frac{\Delta_1}{\Delta_1 + \Delta_2} \right) c \tag{47}$$

worin:

L_1 = untere Klassengrenze der Modalklasse,

Δ_1 = Exzeß der Modalhäufigkeit über die Häufigkeit der nächsttieferen Klasse,

Δ_2 = Exzeß der Modalhäufigkeit über die Häufigkeit der nächsthöheren Klasse,

c = Klassenbreite der Modalklasse.

Diese Formel läßt sich leicht an Hand von Abb. 17 ableiten. Der Modus ergibt sich als Abszisse des Schnittpunktes P der Geraden RT und QS. Die Dreiecke QPR und SPT sind einander ähnlich. Folglich ist:

$$\frac{EP}{QR} = \frac{PF}{ST} \quad \text{oder} \quad \frac{MO - L_1}{\varDelta_1} = \frac{L_2 - MO}{\varDelta_2}.$$

Daraus folgt:

$$\varDelta_2 \, (MO - L_1) = \varDelta_1 \, (L_2 - MO)$$
$$\varDelta_2 \, MO - \varDelta_2 \, L_1 = \varDelta_1 \, L_2 - \varDelta_1 \, MO$$
$$(\varDelta_1 + \varDelta_2) \, MO = \varDelta_1 \, L_2 + \varDelta_2 \, L_1$$
$$MO = \frac{\varDelta_1 \, L_2 + \varDelta_2 \, L_1}{\varDelta_1 + \varDelta_2}.$$

Nun ist aber

$$L_2 = L_1 + c.$$

Daraus ergibt sich:

$$MO = L_1 + \left(\frac{\varDelta_1}{\varDelta_1 + \varDelta_2}\right) c.$$

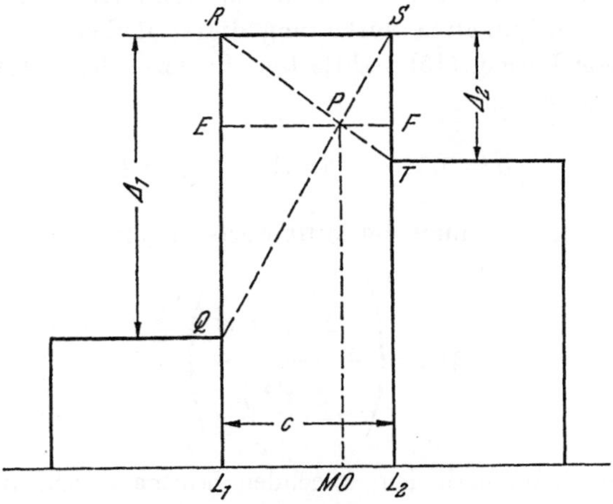

Abb. 17. Rechnerische Bestimmung des Modus

Die Klasse mit der größten Häufigkeit ist die Klasse 1,01 bis 5 ha mit 44 340 Betrieben. Weiter ist:

$$L_1 = 1,01 \text{ ha}$$
$$\varDelta_1 = 44\,340 - 30\,459 = 13\,881$$
$$\varDelta_2 = 44\,340 - 39\,954 = 4\,386$$
$$c = 4 \text{ ha}.$$

Daraus ergibt sich der Modus zu:

$$\underline{MO} = 1,01 + \frac{13\,881}{18\,267} \cdot 4 = \underline{4,050 \text{ ha}}.$$

Endlich sei noch der relative Mittelwert nach Formel (45) an Hand eines Beispiels berechnet. Gegeben seien die Einnahmen des Bundes aus Investitionen, Fiskal- und Verwaltungseinnahmen[1] für die Jahre 1963 bis 1967.

Einnahmen des Bundes 1963 — 1967
Beträge in 1000 Franken

Jahre	Investitionen x	Fiskaleinnahmen y	Verwaltungseinnahmen z
1963	50 681	3 647 323	96 027
1964	247 775	4 480 501	104 631
1965	58 967	4 409 666	112 119
1966	43 434	5 129 127	121 288
1967	48 742	5 151 493	124 244

Es soll der Fünfjahresdurchschnitt für die Verwaltungseinnahmen auf Grund der Formel (45) für das relative Mittel bestimmt werden. Dabei sei vorausgesetzt, daß für die von diesen Merkmalsreihen beeinflußte Größe G eine multiplikative Verkettung dieser Reihen besteht, was die Verwendung von Formel (45) rechtfertigt. Es seien des weiteren folgende Parameter angenommen:

$$\alpha = 0,5 \qquad \beta = 1 \qquad \gamma = 2.$$

Unter dieser Annahme lautet die Mittelwertsformel:

$$M_z = \left(\frac{\sum\limits_{i=1}^{5} x_i^{1/2} y_i z_i^2}{\sum\limits_{i=1}^{5} x_i^{1/2} y_i} \right)^{1/2}.$$

Die Berechnung kann nach dem folgenden Schema durchgeführt werden:

Jahre	$\log x_i^{1/2}$	$\log y_i$	$\log z_i^2$	$x_i^{1/2} y_i z_i^2$	$x_i^{1/2} y_i$
1963	2,35242	6,56198	9,96480	$0,7572 \cdot 10^{19}$	$0,8211 \cdot 10^9$
1964	2,69701	6,65133	10,03932	$2,4415 \cdot 10^{19}$	$2,2302 \cdot 10^9$
1965	2,38530	6,64441	10,09936	$1,3461 \cdot 10^{19}$	$1,0708 \cdot 10^9$
1966	2,31891	6,71004	10,16760	$1,5724 \cdot 10^{19}$	$1,0689 \cdot 10^9$
1967	2,34396	6,71193	10,18854	$1,7556 \cdot 10^{19}$	$1,1373 \cdot 10^9$
Summe				$7,8728 \cdot 10^{19}$	$6,3283 \cdot 10^9$

$$M_z = \frac{7,8728 \cdot 10^{19}}{6,3283 \cdot 10^9} = 111\ 540.$$

---

[1] Statist. Jb. Schweiz, 1968, S. 411.

Für das entsprechende arithmetische Mittel errechnet sich der Wert 111 662.

Im Jahre 1931 wurde von GEORGE BIRKHOFF, einem amerikanischen Mathematiker, der sogenannte *Ergodensatz* bewiesen, dessen wahrscheinlichkeitstheoretische Bedeutung hinsichtlich des arithmetischen Mittels später von A. J. CHINTSCHIN aufgezeigt worden ist. Es wird hier eine stationäre Folge von Zufallsgrößen x_i ($i = 1, 2, \ldots$) mit endlichen mathematischen Erwartungen $E(x_i)$ angenommen. Unter dieser Voraussetzung konvergiert die Folge der arithmetischen Mittel

$$\frac{1}{n} \sum_{i=1}^{n} x_i$$

mit der Wahrscheinlichkeit Eins gegen einen Grenzwert[1].

Unter dem Begriff der mathematischen Erwartung wird folgendes verstanden. Gegeben seien Zufallsgrößen x_i ($i = 1, 2, \ldots$), welchen die Wahrscheinlichkeiten p_i entsprechen. Konvergiert nun die Reihe

$$\sum_{i=1}^{\infty} p_i x_i$$

absolut, so bezeichnet man diese Summe als die mathematische Erwartung oder Erwartungswert der Zufallsgröße x_i. Gehorcht die Zufallsgröße x_i einer bestimmten stetigen Verteilungsfunktion $F(x)$, so kann der Erwartungswert von x_i durch die folgende Formel dargestellt werden:

$$E(x) = \int x \, d F(x)$$

Ist insbesondere die Verteilungsfunktion durch die Normalverteilung gegeben, so ist der Erwartungswert gleich dem arithmetischen Mittel.

Den Zustand eines stochastischen Prozesses bezeichnet man als ergodisch, wenn dieser Zustand aperiodisch ist, und wenn der stochastische Prozeß nach einer Reihe von Zustandsänderungen innerhalb einer endlichen Zeit wieder zum Ursprungszustand zurückkehrt. Zustandsänderungen stochastischer Prozesse werden aber bekanntlich zweckmäßigerweise durch Markoff-Ketten dargestellt, weshalb Markoffsche Prozesse als

---

[1] In diesem Zusammenhange ist auch auf den Satz von BOREL-CANTELLI hinzuweisen, wonach bei der unendlichen Reihe $\sum_{i=1}^{\infty} P(A_i)$ mit der Wahrscheinlichkeit Eins nur endlich viele der Ereignisse A_i eintreffen, sofern die erwähnte Reihe konvergiert.

ergodisch bezeichnet werden können, wenn sie der angeführten Definition entsprechen.

Die Maßzahlen der Lage haben offenbar den Vorteil, daß sie es ermöglichen, eine statistische Gesamtheit durch einen Parameter zu kennzeichnen. Dabei ist aber der Nachteil in Kauf zu nehmen, daß durch diese Raffung Information verlorengeht. Es ist deshalb wichtig, abschätzen zu können, wie hoch sich dieser Informationsverlust stellt, damit — gestützt darauf — das Ausmaß der Repräsentativität des Lageparameters für die statistische Gesamtheit beurteilt werden kann. Diesem Problem werden nun die Maßzahlen der Gruppierung gerecht, die nachfolgend betrachtet werden sollen.

3.4. Maßzahlen der Gruppierung

Mittelwerte sind besonders dafür geeignet, eine gedrängte Darstellung einer statistischen Erscheinung zu vermitteln. Diese Raffung hat zwar den Vorteil der Übersichtlichkeit, jedoch den Nachteil eines Informationsverlustes. Dieser äußert sich vor allem darin, daß die Information über die Beziehungen der einzelnen Merkmalswerte zum Mittelwert dabei verlorengeht. Deshalb ist es notwendig, die Informationen, die die Mittelwerte vermitteln, durch die Aussage anderer Parameter zu ergänzen. Solche Parameter stellen nun die Maßzahlen der Gruppierung oder Streuungsmaßzahlen dar.

Ihrer Aufgabe gemäß handelt es sich hier also um Parameter, die die Beziehung der einzelnen Merkmalswerte zum betrachteten Mittelwert zahlenmäßig kennzeichnen. Es geht hier also darum, diese Beziehung durch einen geeigneten mathematischen Ausdruck zu definieren. Als ein solcher Ausdruck könnte beispielsweise die Differenz zwischen den einzelnen Merkmalswerten und dem betreffenden Mittelwert bezeichnet werden. In der Statistik hat sich dafür eine Gruppe von Maßzahlen eingebürgert, die auf der Summe aller zu einer bestimmten Potenz erhobenen Differenzen zwischen den Merkmalswerten und dem Mittelwert beruht. Die Formel dafür lautet:

$$M_k = \frac{\sum_{i=1}^{n} (x_i - M)^k}{n} \tag{48}$$

worin k eine bestimmte Potenz, x_i die Merkmalswerte $(i = 1, 2, \ldots n)$ und M einen bestimmten Mittelwert bedeuten. Diese Maßzahl bezeichnet man als *statistisches Moment k-ter Ordnung*.

Je nach der statistischen Bedeutung von M unterscheidet man zwei Gruppen statistischer Momente k-ter Ordnung. Setzt man für M das arithmetische Mittel $\bar{x}$ ein, so erhält man die zentrierten statistischen Momente k-ter Ordnung; ersetzt man aber in der Formel (48) M durch einen beliebigen anderen Wert a, so entstehen die nicht-zentrierten Momente k-ter Ordnung. Ist der Bezugswert beim nicht-zentrierten Moment k-ter Ordnung kein Mittelwert, so hat man es mit einem mittelwertsunabhängigen Moment zu tun. Der beliebige Bezugswert a kann auch Null sein.

Ist der beliebige Bezugswert a in der Formel

$$M_k' = \frac{\sum\limits_{i=1}^{n} (x_i - a)^k}{n} \tag{48 a}$$

gleich Null, so geht diese Beziehung für das statistische Moment k-ter Ordnung in die k-te Potenz der allgemeinen potenzierten Mittelwertsformel (43) über. Ist aber $a \neq 0$, so entstehen bekanntlich zwei Gruppen von Momenten, nämlich die mittelwertsbezogenen und die mittelwertsunabhängigen Momente, je nachdem, ob der Wert a ein Mittelwert ist oder nicht. Die mittelwertsbezogenen Momente endlich gliedern sich ebenfalls in zwei Gruppen, nämlich in die zentrierten statistischen Momente und die nicht-zentrierten Momente, je nachdem, ob der zugrunde gelegte Mittelwert das arithmetische Mittel ist oder nicht. Diese Einteilung ist nachfolgend übersichtlich zusammengestellt.

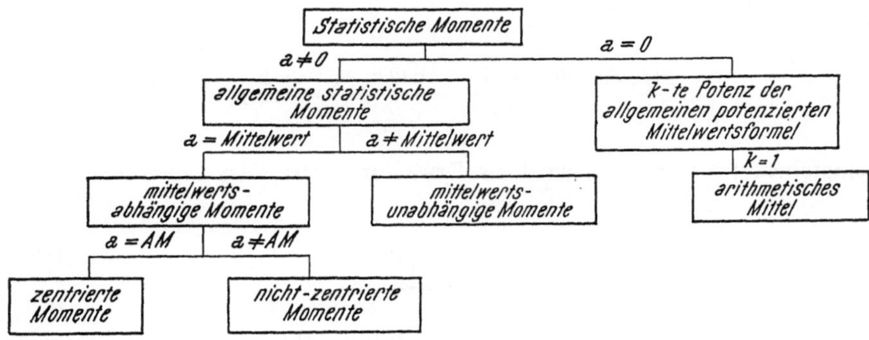

Von diesen statistischen Momenten werden in der Praxis vor allem die mittelwertsabhängigen Momente besonders verwendet. Und unter diesen haben sich die zentrierten statistischen Momente besonders eingebürgert, weil sie statistische Maßzahlen umfassen, die in der Statistik von besonderer Bedeutung sind. Setzt man nämlich im zentrierten statistischen Moment für k der Reihe nach die Zahlen $0, 1, 2, \ldots$ ein, so erhält man die folgenden Werte:

$$k = 0 \qquad\qquad M_0 = \mu_0 = 1$$

$$k = 1 \qquad\qquad M_1 = \mu_1 = 0$$

$$k = 2 \qquad\qquad M_2 = \mu_2 = \sigma^2 = \frac{\sum\limits_{i=1}^{n} (x_i - \bar{x})^2}{n}$$

$$k = 3 \qquad\qquad M_3 = \mu_3 = \frac{\sum\limits_{i=1}^{n} (x_i - \bar{x})^3}{n}$$

usw. $\qquad\qquad$ usw.

Das zentrierte Moment 2. Ordnung ist eine in der Statistik weitverbreitete Maßzahl der Gruppierung, die als *Streuung* σ^2 bezeichnet wird. Ihre Quadratwurzel heißt *mittlere quadratische Abweichung* oder auch *Standardabweichung*. Dieser Maßzahl sind wir bei den Verteilungen schon begegnet, nämlich bei der Normalverteilung [Formel (19)], wo σ^2 einen der beiden Parameter in der Verteilung darstellt (der andere Parameter ist das arithmetische Mittel).

In diesem Zusammenhange ist der Begriff des *Erwartungswertes* etwas näher zu erklären. Eine Zufallsvariable x soll endlich viele Werte $x_1, x_2, \ldots x_n$ mit den Wahrscheinlichkeiten $p_1, p_2, \ldots p_n$ annehmen. Wird nun diese Zufallsvariable sehr oft (m-mal) beobachtet, so ist anzunehmen, daß sich die Werte x_1 in $m p_1$ Fällen, x_2 in $m p_2$ Fällen usw. ereignen werden. Durchschnittlich wird sich aber der Wert

$$\frac{m p_1 x_1 + m p_2 x_2 + \ldots + m p_n x_n}{m} = \sum_{i=1}^{n} p_i x_i$$

einstellen. Diese Summe wird als Erwartungswert $E(x)$ bezeichnet:

$$E(x) = \sum_{i=1}^{n} p_i x_i. \tag{49}$$

Ist nun die Zufallsvariable x eine kontinuierliche oder stetige Variable mit der Dichtefunktion $f(x)$, die im Intervall a bis b Werte annimmt, die von Null verschieden sind, so ist in diesem Falle der Erwartungswert gleich

$$E(x) = \int_a^b x f(x)\, dx. \tag{49 a}$$

Auf Grund der Definition des Erwartungswertes ergeben sich die folgenden wichtigen Beziehungen (x und y sind Zufallsvariable, und a ist eine Konstante):

$$E\,(a) = a$$
$$E\,(a\,x) = a\,E\,(x)$$
$$E\,(x\,y) = E\,(x)\,E\,(y)$$
$$E\,(x+a) = E\,(x) + E\,(a) = E\,(x) + a$$
$$E\,[(a\,x)^n] = E\,(a^n\,x^n) = a^n\,E\,(x^n).$$

In diesem Zusammenhange ist auch auf die *Schwarzsche Ungleichung* hinzuweisen. Danach ist:

$$E^2\,(x\,y) \leqq E\,(x^2)\,E\,(y^2). \tag{49 b}$$

Die Streuung wie auch ganz allgemein die statistischen Momente können nun auch mit Hilfe von Erwartungswerten ausgedrückt werden. Die Streuung stellt ein Maß der Abweichungen der einzelnen Merkmalswerte von ihrem Erwartungswert dar. Es ist folglich

$$\sigma^2 = E\left\{[x - E\,(x)]^2\right\} \tag{49 c}$$

woraus sich die Beziehungen

$$\sigma^2 = \sum_{i=1}^{n} p_i\,[x_i - E\,(x)]^2$$

beziehungsweise

$$\sigma^2 = \int_{-\infty}^{\infty} [x - E\,(x)]^2\,f\,(x)\,d\,x$$

ergeben. Die statistischen Momente können nun ebenfalls als Erwartungswerte ausgedrückt werden, nämlich:

$$M = E\left\{[x - E\,(x)]^k\right\}. \tag{49 d}$$

Die Streuung läßt sich mit dem Trägheitsmoment in der Statik vergleichen. Dieses wird als das Produkt eines Flächenelements und dem Quadrat seines senkrechten Abstandes von einer festen Achse definiert (axiales Trägheitsmoment). In entsprechender Weise wird das polare Trägheitsmoment als das Produkt eines Flächenelements und dem Quadrat seines Abstandes von einem festen Punkt (Pol) umschrieben. Wie bei der Streuung, so kommt auch beim (axialen und polaren) Trägheitsmoment dem Quadrat des Abstandes eines Flächenelements von einer Bezugsbasis (Achse bzw. Pol) eine wesentliche Bedeutung zu. Je mehr die Flächenelemente einer geometrischen Figur von der Bezugsbasis entfernt sind, desto größer wird für diese geometrische Figur das Trägheitsmoment und desto träger wird sich diese Figur bei einer Drehbewegung verhalten. Entsprechend könnte man bei wachsender Streuung von einer zunehmenden „Trägheit" eines statistischen Kollektivs sprechen.

Ein wichtiger Satz bezüglich der Streuung ist die *Tschebyscheffsche (Chebychevsche) Ungleichung.* Diese kann folgendermaßen geschrieben werden (x ist eine Zufallsvariable):

$$P\left[\,|\,x - E\,(x)\,|\,> \varepsilon\right] < \frac{\sigma^2}{\varepsilon^2} \tag{50}$$

oder auch

$$P\left[\,|\,x - E\,(x)\,|\,\leqq \varepsilon\right] > 1 - \frac{\sigma^2}{\varepsilon^2}. \tag{50a}$$

Für $0 < \varepsilon < 1$ sagt diese Ungleichung nur aus, daß die Wahrscheinlichkeit stets kleiner als eine Zahl größer als Eins ($1/\varepsilon^2$) ist. Ist hingegen $\varepsilon > 1$, so ermöglicht diese Ungleichung wichtige wahrscheinlichkeitstheoretische Schlüsse. Setzt man beispielsweise $\varepsilon = 3\sigma$, so folgt aus der Tschebyscheffschen Ungleichung, daß

$$P\left[\,|\,x - E\,(x)\,|\,> 3\,\sigma\right] < \frac{1}{9} \qquad \text{[Formel (50)]}$$

bzw.

$$P\left[\,|\,x - E\,(x)\,|\,\leqq 3\,\sigma\right] > \frac{8}{9} \qquad \text{[Formel (50a)]}$$

d. h. die Wahrscheinlichkeit dafür, daß eine Zufallsvariable x einen Wert annimmt, der sich außerhalb der dreifachen Standardabweichung befindet, ist kleiner als 1/9, bzw. die Wahrscheinlichkeit, daß eine Zufallsvariable x einen Wert annimmt, der sich innerhalb der dreifachen Standardabweichung befindet, ist größer als 8/9. In der Praxis haben sich bestimmte Intervalle der Standardabweichung bei Normalverteilungen eingebürgert. So verwendet man die Intervalle der einfachen, doppelten und dreifachen Standardabweichung. Es bestehen hier die folgenden Beziehungen:

$$\pm\ \sigma:\quad 68{,}3\ \%\ \text{aller Merkmalswerte}$$
$$\pm 2\,\sigma:\quad 95{,}5\ \%\ \text{aller Merkmalswerte}$$
$$\pm 3\,\sigma:\quad 99{,}7\ \%\ \text{aller Merkmalswerte}$$

Bei einer normalverteilten Häufigkeitsverteilung befinden sich 50 % aller Merkmalswerte innerhalb des Intervalls $\pm 0{,}6745\ \sigma$.

Eine Verallgemeinerung der Ungleichung von TSCHEBYSCHEFF stellt die *Ungleichung von Kolmogorov* dar. Um diese Ungleichung darzulegen, soll angenommen werden, das mehrere voneinander unabhängige Zufalls-variable $x_1, x_2, \ldots x_n$ gegeben seien, welchen die endlichen Streuungen $\sigma_1{}^2, \sigma_2{}^2, \ldots \sigma_n{}^2$ entsprechen. Die Ungleichung von KOLMOGOROV besagt nun, daß die Wahrscheinlichkeit des gleichzeitigen Eintretens der Ungleichungen

$$\sum_{i=1}^{k} [x_i - E(x_i)] < \varepsilon \sum_{i=1}^{n} \sigma_i{}^2 \qquad (k = 1, 2, \ldots n)$$

größer oder gleich dem Wert

$$1 - \frac{1}{\varepsilon^2}$$

ist, d. h. also

$$P\left\{ \left| \sum_{i=1}^{k} [x_i - E(x_i)] \right| < \varepsilon \right\} \geqq 1 - \frac{\sum\limits_{i=1}^{n} \sigma_i^2}{\varepsilon^2}. \qquad (51)$$

Bezeichnet man der Einfachheit halber

$$E(x_i) = m_i$$

$$\sum_{i=1}^{k} x_i = S_k$$

$$E(S_k) = \sum_{i=1}^{k} m_i = M_k$$

$$\sum_{i=1}^{n} \sigma_i{}^2 = \mathrm{Var}(S_n) = s_n{}^2,$$

wo Var die Streuung bezeichnet, so vereinfacht sich die Ungleichung (51) und geht in die folgende Beziehung über:

$$P(|S_k - M_k| < \varepsilon) \geqq 1 - \frac{s_n^2}{\varepsilon^2} \qquad (51\,a)$$

$(k = 1, 2, \ldots n)$. Für $n = 1$ ergibt sich aus dieser Ungleichung die Un-gleichung von TSCHEBYSCHEFF.

Diese Ungleichung wie auch jene von KOLMOGOROV stellen ihrerseits wiederum Spezialfälle der *Ungleichung von Hajek-Rényi* dar. Es seien die voneinander unabhängigen Zufallsvariablen $y_1, y_2, \ldots y_n$ gegeben. Diese sollen dadurch gekennzeichnet sein, daß

$$E(y_i) = 0 \qquad (i = 1, 2, \ldots n)$$

und daß ihre Streuungen

$$E\left\{ [y_i - E(y_i)]^2 \right\}$$

endlich sind. Weiter seien die Konstanten c_i positiv und nicht zunehmend. Dann gilt für beliebige Werte m und n $(m < n)$ und ein beliebiges $\varepsilon > 0$:

$$P\left\{\max_{m \leq k \leq n} c_k \left| \sum_{i=1}^{k} y_i \right| \geq \varepsilon \right\} \leq \frac{1}{\varepsilon^2} \left(c_m^2 \sum_{i=1}^{m} \sigma_i^2 + \sum_{i=m+1}^{n} c_i^2 \sigma_i^2 \right) \tag{51}$$

worin

$$\sigma_i^2 = E\left\{ [y_i - E(y_i)]^2 \right\}$$

ist. Aus dieser Beziehung leitet sich die Ungleichung von KOLMOGOROV ab, wenn die folgenden Substitutionen durchgeführt werden:

$$m = 1 \quad c_i = 1 \quad (i = 1, 2, \dots n) \quad \text{und} \quad y_i = x_i - E(x_i).$$

Eine weitere wichtige Beziehung stellt der *Integralsatz von De Moivre-Laplace* dar. Gegeben seien n unabhängige Versuche. Die Anzahl des Eintretens eines bestimmten Ereignisses während dieser Versuche sei m. Die Wahrscheinlichkeit dieses Ereignisses ist gleich p. Unter dieser Voraussetzung gilt bezüglich a und b $(-\infty \leq a < b \leq \infty)$ und für $n \to \infty$ die Beziehung:

$$P\left[a \leq \frac{m - np}{\sqrt{npq}} < b \right] \to \frac{1}{\sqrt{2\pi}} \int_a^b e^{-\frac{x^2}{2}} \, dx. \tag{52}$$

Die rechte Seite dieser Beziehung ist uns schon als die Flächenformel der Normalverteilung (Flächenstück zwischen a und b) bekannt.

Wir sind also wiederum auf die Normalverteilung gestoßen, eine Verteilung, der — wie schon erwähnt wurde — eine grundlegende Bedeutung in der Statistik zukommt. Diese Bedeutung liegt darin begründet, daß die Normalverteilung in den Naturwissenschaften — dem ersten Anwendungsgebiet der mathematischen Statistik — sehr oft vorkommt und deshalb als eine normale Erscheinung bezeichnet werden kann. Es stellt sich aber gleichwohl die Frage, weshalb denn diese Verteilung so oft und normalerweise auftritt. Die Antwort auf diese Frage gibt der *zentrale Grenzwertsatz* von LINDEBERG, der von LJAPUNOV bewiesen worden ist, LAPLACE aber schon intuitiv bekannt gewesen war. Gegeben sei eine Folge gegenseitig unabhängiger Zufallsvariablen $\{x_k\}$, denen eine gemeinsame Verteilung zugrunde liegt. Weiter sei $E(x_k) = m$ und $\mathrm{Var}(x_k) = \sigma^2$. Nun sei die Summe S_n dieser Zufallsvariablen gegeben, d. h.

$$S_n = \sum_{i=1}^{n} x_i.$$

Unter dieser Voraussetzung gilt für jedes konstante a:

$$P\left(\frac{S_n - n\,m}{\sigma\,\sqrt{n}} < a\right) \to \frac{1}{\sqrt{2\,\pi}} \int\limits_{-\infty}^{a} e^{-\frac{1}{2}\,x^2}\,dx. \tag{53}$$

Der zentrale Grenzwertsatz gibt die Bedingungen wider, unter welchen Summen unabhängiger Zufallsvariablen asymptotisch normal verteilt sind.

Eng verknüpft mit dem zentralen Grenzwertsatz ist der *Satz von Ljapunov*. Es sei eine Folge unabhängiger Zufallsvariablen $x_1, x_2, \ldots x_n$ gegeben. Kann man nun eine positive Zahl $\delta > 0$ so wählen, daß für $n \to \infty$ die Beziehung

$$\frac{1}{B_n^{2+\delta}} \sum_{i=1}^{n} E\left[\,|\,x_i - E\,(x_i)\,|^{2+\delta}\right] \to 0$$

besteht, worin

$$B_n^2 = E\left\{\left[\sum_{i=1}^{n} x_i - E\,\left(\sum_{i=1}^{n} x_i\right)\right]^2\right\}$$

so gilt für $n \to \infty$ gleichmäßig in y

$$P\left\{\frac{1}{B_n} \sum_{i=1}^{n} [x_i - E\,(x_i)] < y\right\} \to \frac{1}{\sqrt{2\,\pi}} \int\limits_{-\infty}^{y} e^{-\frac{z^2}{2}}\,dz. \tag{54}$$

Die Streuung σ^2 oder deren Quadratwurzel, die mittlere quadratische Abweichung, ist eine vielgebrauchte statistische Maßzahl. Sie ist auch dadurch gekennzeichnet, daß sie, verglichen mit den statistischen Momenten zweiter Ordnung, die sich nicht auf das arithmetische Mittel beziehen, die Eigenschaft hat, daß sie den kleinsten Wert aufweist. Die folgende Überlegung soll diese Eigenschaft aufzeigen.

Gegeben sind die Beziehungen

$$x - \bar{x} = d_{\bar{x}} \quad \text{und} \quad x - A = d_A$$

wo $\bar{x}$ das arithmetische Mittel und A ein beliebiger Wert, ausgenommen das arithmetische Mittel, bezeichnen. Die Differenz d_A läßt sich aber auch folgendermaßen schreiben:

$$x - A = (x - \bar{x}) + (\bar{x} - A).$$

Quadriert man beide Seiten, so ergibt sich:

$$(x - A)^2 = (x - \bar{x})^2 + 2\,(x - \bar{x})\,(\bar{x} - A) + (\bar{x} - A)^2.$$

Summiert man nun diese Differenzquadrate über alle x von 1 bis n, so findet man:

$$\sum_{i=1}^{n} (x_i - A)^2 = \sum_{i=1}^{n} (x_i - \overline{x})^2 + 2\,(\overline{x} - A) \sum_{i=1}^{n} (x_i - \overline{x}) + n\,(\overline{x} - A)^2.$$

Nun ist aber definitionsgemäß die Summe der Abweichungen der einzelnen Merkmalswerte von ihrem arithmetischen Mittel gleich Null, so daß das zweite Glied auf der rechten Seite wegfällt. Weiter können nun beide Seiten durch n geteilt werden, woraus die folgende Beziehung folgt:

$$\frac{\sum\limits_{i=1}^{n} (x_i - A)^2}{n} = \sigma^2 + (\overline{x} - A)^2.$$

Setzt man für den Ausdruck auf der linken Seite die Bezeichnung σ_A^2 und für $(\overline{x} - A)$ den Wert D ein, so folgt:

$$\sigma_A^2 = \sigma^2 + D^2. \tag{55}$$

Da nun D^2 stets positiv ist, wird σ_A^2 stets größer sein als σ^2; nur wenn $D^2 = 0$ ist, besteht Gleichheit zwischen σ_A^2 und σ^2. Die Streuung bezüglich des arithmetischen Mittels ist also unter allen möglichen Streuungen bezüglich irgend eines Wertes A $(A \neq \overline{x})$ am kleinsten.

Diese Beziehung dient aber auch dazu, die Rechenarbeit bei der Bestimmung der Streuung bezüglich des arithmetischen Mittels zu vereinfachen. In diesem Falle wird man einen geeigneten Wert A wählen und darauf bezogen die Streuung σ_A^2 berechnen. Die gesuchte Streuung σ^2 ist dann gleich

$$\sigma^2 = \sigma_A^2 - D^2. \tag{55 a}$$

Eine weitere Vereinfachung bei der Berechnung der Streuung erhält man, wenn man die Streuungsformel entwickelt. Es ist nämlich

$$\sum_{i=1}^{n} (x_i - \overline{x})^2 = \sum_{i=1}^{n} x_i^2 - 2\overline{x} \sum_{i=1}^{n} x_i + n\overline{x}^2.$$

Es ist aber bekanntlich

$$\sum_{i=1}^{n} x_i = n\overline{x}.$$

Setzt man diesen Wert in obige Formel ein, so ergibt sich

$$\sum_{i=1}^{n} (x_i - \overline{x})^2 = \sum_{i=1}^{n} x_i^2 - 2\,n\,\overline{x}^2 + n\,\overline{x}^2 = \sum_{i=1}^{n} x_i^2 - n\,\overline{x}^2$$

und weiter nach der Division durch n:

$$\sigma^2 = \frac{1}{n} \sum_{i=1}^{n} x_i^2 - \overline{x}^2. \tag{56}$$

In der praktischen Statistik hat man es in der Regel mit Kollektiven zu tun, die Teilgesamtheiten einer umfassenderen Gesamtheit, dem Universum, sind. Diese Tatsache wirkt sich nun in bestimmter Weise auf die Beziehung für die Streuung aus. Die folgende Ableitung soll diesen Einfluß aufzeigen. Diese gliedert sich in zwei Teile, bei welchen im ersten Teil ein im zweiten Teil gebrauchtes Resultat herausspringt.

Es soll zuerst der Erwartungswert des Quadrates der Differenz zwischen dem für ein bestimmtes Kollektiv erhaltenen arithmetischen Mittel m und dem arithmetischen Mittel der Grundgesamtheit (Universum) M, der das betrachtete Kollektiv entnommen ist, bestimmt werden, d. h. also:

$$E\,(m - M)^2.$$

Es ist nun offensichtlich

$$E\,(m - M)^2 = E\left(\frac{1}{n} \sum_{i=1}^{n} x_i - M\right)^2$$

wo n die Anzahl der Merkmalswerte x_i $(i = 1, 2, \ldots n)$ des Kollektivs bezeichnet. Für $\sum_{i=1}^{n} x_i$ soll S_n geschrieben werden. Es folgt nun weiter:

$$E\left(\frac{1}{n} S_n - M\right)^2 = \frac{1}{n^2} E\,(S_n^2 - 2\,n\,M\,S_n + n^2\,M^2).$$

Weiter ist

$$E\,S_n = n\,M$$

und folglich

$$2\,n\,M\,E\,S_n = 2\,n^2\,M^2.$$

Es ergibt sich also die Beziehung

$$E\left(\frac{1}{n} S_n - M\right)^2 = \frac{1}{n^2} E\,(S_n^2 - n^2\,M^2) = \frac{1}{n^2} E\,S_n^2 - M^2.$$

Nun ist

$$E S_n{}^2 = E \left(\sum_{i=1}^{n} x_i{}^2 + \sum_{i,j=1}^{n} x_i x_j \right) \qquad (i \neq j)$$

Daraus folgt weiter

$$E \left(\frac{1}{n} S_n - M \right)^2 = \frac{1}{n^2} E \left(\sum_{i=1}^{n} x_i{}^2 + \sum_{i,j=1}^{n} x_i x_j \right) - M^2$$

und

$$n^2 E \left(\frac{1}{n} S_n - M \right)^2 = E \left(\sum_{i=1}^{n} x_i{}^2 + \sum_{i,j=1}^{n} x_i x_j \right) - (n M)^2. \qquad (57)$$

Es sind nun die Ausdrücke

$$E \left(\sum_{i=1}^{n} x_i{}^2 \right) \quad \text{und} \quad E \left(\sum_{i,j=1}^{n} x_i x_j \right)$$

zu bestimmen.

$$E \left(\sum_{i=1}^{n} x_i{}^2 \right) = \sum_{i=1}^{n} E x_i{}^2 = \sum_{i=1}^{n} (\sigma^2 + M^2)$$

weil

$$\sigma^2 = E x_i{}^2 - M^2$$

und folglich

$$\sum_{i=1}^{n} E x_i{}^2 = \sum_{i=1}^{n} (\sigma^2 + M^2) = n (\sigma^2 + M^2). \qquad (57\,\text{a})$$

Weiter ist

$$E \left(\sum_{i,j=1}^{n} x_i x_j \right) = \sum_{i,j=1}^{n} E (x_i x_j) = n (n - 1) E (x_i x_j).$$

Dafür läßt sich schreiben:

$$E \left(\sum_{i,j=1}^{n} x_i x_j \right) = n (n - 1) \frac{1}{N^2} \sum_{i=1}^{N} \sum_{j=1}^{N} x_i x_j \qquad (i, j = 1, 2, \ldots N)$$

wo N die Anzahl der Merkmalswerte in der Grundgesamtheit bezeichnet. Nun ist aber offensichtlich

$$\sum_{i=1}^{N} \sum_{j=1}^{N} x_i x_j = (N M)^2$$

Also ergibt sich:

$$E \left(\sum_{i,j=1}^{n} x_i x_j \right) = n (n - 1) M^2. \qquad (57\,\text{b})$$

Diese beiden Ergebnisse (57 a) und (57 b) werden nun in die Beziehung (57) eingesetzt. Es ist dann:

$$n^2 E\left(\frac{1}{n} S_n - M\right)^2 = n\,(\sigma^2 + M^2) + n\,(n-1)\,M^2 - (n\,M)^2 = n\,\sigma^2$$

d. h. also:

$$E\,(m-M)^2 = E\left(\frac{1}{n} S_n - M\right)^2 = \frac{\sigma^2}{n}. \tag{58}$$

Diese Beziehung kennzeichnet die Streuung des arithmetischen Mittels im betrachteten Kollektiv (m) um das arithmetische Mittel der Grundgesamtheit (M), d. h. um den wahren Mittelwert.

Im zweiten Teil der Ableitung soll die Streuung der einzelnen Merkmalswerte im betrachteten Kollektiv x_i um den wahren Mittelwert bestimmt werden. Diese gesuchte Streuung σ_s^2 ist hier gleich

$$\sigma_s^2 = \frac{1}{n} \sum_{i=1}^{n} (x_i - M)^2 =$$

$$= \frac{1}{n}\left[\sum_{i=1}^{n} (x_i - m)^2 + 2\,(m-M) \sum_{i=1}^{n} (x_i - m) + \sum_{i=1}^{n} (m - M)^2\right].$$

Nun ist aber bekanntlich beim arithmetischen Mittel $\sum\limits_{i=1}^{n} (x_i - m) = 0$. Es ist also:

$$\sigma_s^2 = \frac{1}{n} \sum_{i=1}^{n} (x_i - m)^2 + (m - M)^2.$$

Aus dem ersten Teil der Ableitung [Formel (58)] wissen wir, daß

$$E\,(m-M)^2 = \frac{\sigma^2}{n}.$$

Folglich wird:

$$\sigma_s^2 = \frac{1}{n} \sum_{i=1}^{n} (x_i - m)^2 + \frac{\sigma^2}{n}.$$

Der Wert σ^2, d. h. die Streuung in der Grundgesamtheit, ist in der Regel unbekannt. Setzt man nun näherungsweise $\sigma_s^2 \sim \sigma^2$, so folgt

$$\sigma_s^2 \sim \frac{1}{n} \sum_{i=1}^{n} x_i - m)^2 + \sigma_s^2/n.$$

Daraus ergibt sich:

$$\sigma_s^2 \sim \frac{\sum\limits_{i=1}^{n} (x_i - m)^2}{n-1}. \tag{59}$$

Die Streuung des betrachteten Kollektivs ist also angenähert gleich der durch $(n-1)$ dividierten Summe der Abweichungsquadrate. Diese Beziehung gilt selbstverständilch nur für den Fall, daß $\sigma_s{}^2 \sim \sigma^2$ ist. Dies kann aber in den meisten Fällen angenommen werden, weshalb bei der Berechnung der Streuung der Merkmalswerte in einem Kollektiv, bestehend aus n Elementen, in der Regel die Beziehung (59) verwendet wird.

In vielen praktischen Fällen sind die Elemente in Klassen zusammengefaßt. Dadurch entsteht ein gewisser Informationsverlust, der sich bei der Streuung äußert. Diese ist deshalb zu berichtigen. Es ist hier die sogenannte *Sheppardsche Korrektur* anzubringen, die W. F. SHEPPARD im Jahre 1897 in die Statistik eingeführt hatte.

Ist ein solches Kollektiv in Klassen aufgeteilt, so kann es graphisch durch ein Stäbchendiagramm oder Histogramm dargestellt werden. Jeder Merkmalsklasse entspricht ein Stäbchen oder eine Säule. Es wird hier also angenommen, daß sich die Merkmalswerte gleichmäßig über das Klassenintervall verteilen. Diese Annahme ist aber ungenau, da die Verteilung der Elemente über das Klassenintervall ungleichmäßig ist. Sie kann besser durch ein Trapez dargestellt werden.

Für ein einzelnes Rechteck i im Histogramm könnte man die Streuung $\sigma_i{}^2$ bestimmen. Diese ist gleich dem Abweichungsquadrat von der senkrechten Schwerlinie des Rechtecks. Aus der Analogie der Streuung zum axialen Trägheitsmoment in der Statik folgt, daß

$$\sigma_i{}^2 = \frac{J}{F}$$

wo J das axiale Trägheitsmoment und F die Rechteckfläche bezeichnen. Das axiale Trägheitsmoment eines Rechtecks mit der Breite dx und der Fläche F ist nun gleich

$$J = F \frac{dx^2}{12}.$$

Daraus folgt

$$\sigma_i{}^2 = \frac{dx^2}{12}.$$

Die Gesamtstreuung ist folglich gleich:

$$\sigma^2 = \frac{1}{n} \left\{ \sum_{i=1}^{n} \left[(x_i - m)^2 + \sigma_i{}^2 \right] \right\} =$$

$$= \frac{1}{n} \left[\sum_{i=1}^{n} (x_i - m)^2 + n \frac{dx^2}{12} \right].$$

Sind nun alle Klassenintervalle dx_i gleich groß und gleich dx, so ergibt sich

$$\sigma^2 = \frac{1}{n} \sum_{i=1}^{n} (x_i - m)^2 + \frac{dx^2}{12}. \tag{60}$$

Bei dieser Formel wurde eine gleichmäßige Verteilung der Elemente über
das Klassenintervall angenommen. Wie schon erwähnt, wird sich in der
Praxis nicht eine solche Rechteckverteilung, sondern eine trapezförmige

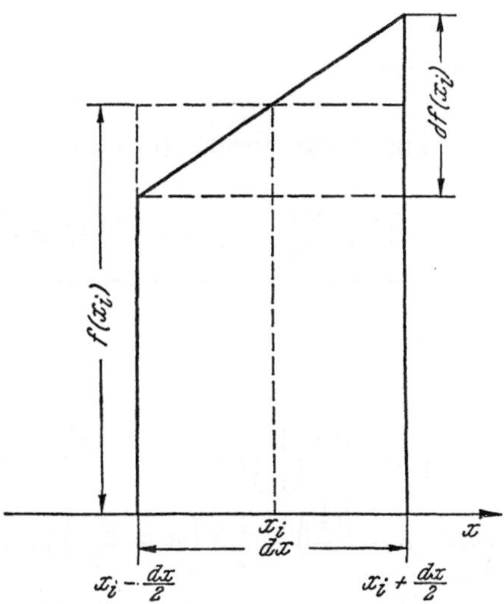

Abb. 18. Sheppardsche Korrektur

Verteilung ergeben (Abb. 18). Es soll vereinfachend angenommen werden,
daß die Häufigkeitsdichte von $x_i - \dfrac{dx}{2}$ bis $x_i + \dfrac{dx}{2}$ linear zunimmt
(bzw. abnimmt). Die bei der gleichmäßigen Verteilung (Rechteckverteilung)
angenommene mittlere relative Häufigkeit $f(x_i)$ stimmt nun mit der Häufigkeit der Klassenmitte x_i überein. Die Zunahme der Häufigkeitsdichte
bei der trapezförmigen Verteilung nimmt also über die Klassenbreite um
$df(x_i)$ zu. Diese Zunahme ist aber gleich

$$df(x_i) = f\left(x_i + \frac{dx}{2}\right) - f\left(x_i - \frac{dx}{2}\right).$$

Beim Übergang von der Rechteck- zur Trapezverteilung der Elemente
über das Klassenintervall wird einerseits ein Dreieck mit der Fläche

$$\frac{dx\,df(x_i)}{8}$$

addiert, andrerseits ein gleichgroßes Dreieck subtrahiert. Die Schwer-
punktabszisse dieses Dreiecks ist $x_i + \dfrac{dx}{3}$ bzw. $x_i - \dfrac{dx}{3}$. Das auf das

arithmetische Mittel m der Häufigkeitsverteilung bezogene Trägheitsmoment, das die Klasse i betrifft, wird dadurch folgendermaßen geändert:

$$\frac{1}{8}\,dx\,df\,(x_i)\left(x_i-m+\frac{dx}{3}\right)^2-\frac{1}{8}\,dx\,df\,(x_i)\left(x_i-m-\frac{dx}{3}\right)^2=$$

$$=\frac{1}{6}\,dx^2\,df\,(x_i)\,(x_i-m).$$

Führt man diese Beziehung in die Formel (60) ein, so ergibt sich:

$$\sigma^2=\frac{1}{n}\sum_{i=1}^{n}(x_i-m)^2+\frac{dx^2}{12}+\frac{1}{6}\,dx^2\sum_{i=1}^{n}df\,(x_i)\,(x_i-m). \qquad (61)$$

Nun ist weiter:

$$df\,(x_i)\,(x_i-m)=$$

$$=\frac{1}{2}\left[f\left(x_i+\frac{dx}{2}\right)-f\left(x_i-\frac{dx}{2}\right)\right]\left[\left(x_i-m+\frac{dx}{2}\right)+\left(x_i-m-\frac{dx}{2}\right)\right]=$$

$$=\frac{1}{2}f\left(x_i+\frac{dx}{2}\right)\left(x_i-m+\frac{dx}{2}\right)-\frac{1}{2}f\left(x_i-\frac{dx}{2}\right)\left(x_i-m-\frac{dx}{2}\right)+$$

$$+\frac{1}{2}f\left(x_i+\frac{dx}{2}\right)\left(x_i-m-\frac{dx}{2}\right)-\frac{1}{2}f\left(x_i-\frac{dx}{2}\right)\left(x_i-m+\frac{dx}{2}\right)=$$

$$=\frac{1}{2}f\left(x_i+\frac{dx}{2}\right)\left(x_i-m+\frac{dx}{2}\right)-\frac{1}{2}f\left(x_i-\frac{dx}{2}\right)\left(x_i-m-\frac{dx}{2}\right)+$$

$$+\frac{1}{2}\left[f\left(x_i+\frac{dx}{2}\right)(x_i-m)-f\left(x_i+\frac{dx}{2}\right)\frac{dx}{2}\right]-$$

$$-\frac{1}{2}\left[f\left(x_i-\frac{dx}{2}\right)(x_i-m)+f\left(x_i-\frac{dx}{2}\right)\frac{dx}{2}\right]=$$

$$=\frac{1}{2}f\left(x_i+\frac{dx}{2}\right)\left(x_i-m+\frac{dx}{2}\right)-\frac{1}{2}f\left(x_i-\frac{dx}{2}\right)\left(x_i-m-\frac{dx}{2}\right)+$$

$$+\frac{1}{2}(x_i-m)\left[f\left(x_i+\frac{dx}{2}\right)-f\left(x_i-\frac{dx}{2}\right)\right]-\frac{1}{2}f\left(x_i+\frac{dx}{2}\right)\frac{dx}{2}-$$

$$-\frac{1}{2}f\left(x_i-\frac{dx}{2}\right)\frac{dx}{2}=$$

$$=\frac{1}{2}f\left(x_i+\frac{dx}{2}\right)\left(x_i-m+\frac{dx}{2}\right)-\frac{1}{2}f\left(x_i-\frac{dx}{2}\right)\left(x_i-m-\frac{dx}{2}\right)+$$

$$+\frac{1}{2}(x_i-m)\,df\,(x_i)-\frac{dx}{4}\left[f\left(x_i+\frac{dx}{2}\right)+f\left(x_i-\frac{dx}{2}\right)\right]=$$

$$=\frac{1}{2}f\left(x_i+\frac{dx}{2}\right)\left(x_i-m+\frac{dx}{2}\right)-\frac{1}{2}f\left(x_i-\frac{dx}{2}\right)\left(x_i-m-\frac{dx}{2}\right)+$$

$$+\frac{1}{2}(x_i-m)\,df\,(x_i)-\frac{dx}{2}f\,(x_i).$$

Löst man diesen Ausdruck nach $df(x_i)(x_i - m)$ auf, so erhält man:

$$df(x_i)(x_i - m) = f\left(x_i + \frac{dx}{2}\right)\left(x_i - m + \frac{dx}{2}\right) -$$

$$- f\left(x_i - \frac{dx}{2}\right)\left(x_i - m - \frac{dx}{2}\right) - dx\,f(x_i).$$

Bei einer stetigen Verteilung, die die x-Achse am Anfang und am Ende schneidet, wird

$$\sum_{i=1}^{n}\left[f\left(x_i + \frac{dx}{2}\right)\left(x_i - m + \frac{dx}{2}\right) - f\left(x_i - \frac{dx}{2}\right)\left(x_i - m - \frac{dx}{2}\right)\right] = 0.$$

Es ist also

$$\sum_{i=1}^{n} df(x_i)(x_i - m) = - dx \sum_{i=1}^{n} f(x_i) = - \sum_{i=1}^{n} f(x_i) = -1. \qquad (dx = 1)$$

Setzt man dieses Ergebnis in die Formel (61) ein, so ergibt sich:

$$\sigma^2 = \frac{1}{n} \sum_{i=1}^{n} (x_i - m)^2 + \frac{dx^2}{12} - \frac{dx^2}{6}$$

das heißt,

$$\sigma^2 = \frac{1}{n} \sum_{i=1}^{n} (x_i - m)^2 - \frac{dx^2}{12}. \qquad (62)$$

Die Korrektur $-\dfrac{dx^2}{12}$ bezeichnet man als Sheppardsche Korrektur.

Auch für die Beziehung (55a) findet sich ein Gegenstück in der Mechanik. Dieser Beziehung entspricht nämlich der Steinersche Satz der Mechanik. Wiederum zeigt es sich, daß bestimmte Beziehungen des statistischen Parameters der Streuung auch physikalisch gedeutet werden können.

Die Sheppardsche Korrektur bei zu Klassen zusammengefaßten Merkmalswerten gilt nun nicht nur für die Streuung oder das zentrierte Moment zweiter Ordnung. Auch die anderen statistischen Momente sind bei Klassenaufteilungen nach Sheppard zu korrigieren. So ist gemäß Formel (48)

$$\mu_2{}^* = \mu_2 - \frac{dx^2}{12}$$

wo $\mu_k{}^*$ das korrigierte Moment bezeichnet. Für die anderen zentrierten Momente gelten die folgenden Korrekturbeziehungen:

$$\mu_1{}^* = \mu_1$$

$$\mu_2{}^* = \mu_2 - \frac{d\,x^2}{12}$$

$$\mu_3{}^* = \mu_3$$

$$\mu_4{}^* = \mu_4 - \frac{1}{2}\,d\,x^2\,\mu_2 + \frac{7}{240}\,d\,x^4$$

$$\mu_5{}^* = \mu_5 - \frac{5}{6}\,d\,x^2\,\mu_3 + \frac{7}{48}\,d\,x^4\,\mu_1$$

$$\mu_6{}^* = \mu_6 - \frac{5}{4}\,d\,x^2\,\mu_4 + \frac{7}{16}\,d\,x^4\,\mu_2 + \frac{31}{1344}\,d\,x^6.$$

Die allgemeine Formel für die korrigierten Momente lautet folgendermaßen:

$$\mu_k{}^* = \sum_{i=0}^{k} \binom{k}{i} (2^{1-i} - 1)\, B_i\, d\,x^i\, \mu_{k-i} \tag{63}$$

wo B_i Bernoulli-Zahlen bedeuten. Sie sind gleich den Koeffizienten des Gliedes $t^i/i!$ in der Beziehung

$$\frac{t}{(e^t - 1)}$$

Im einzelnen ergeben sich die folgenden Bernoulli-Zahlen:

$B_0 = 1$	$B_6 = 1/42$
$B_1 = 1/2$	$B_8 = -\,(1/30)$
$B_2 = 1/6$	$B_{10} = -\,(5/66)$
$B_3 = B_5 = B_{2i+1} = 0$	$B_{12} = 691/2730$
$B_4 = -\,(1/30)$	$B_{14} = -\,(7/6)$

Nachfolgend sei noch kurz eine Möglichkeit aufgezeigt, die Berechnungen des arithmetischen Mittels, der Streuung und der höheren Momente zu prüfen. Diese Prüfung kann mit Hilfe des *Tests von Charlier* durchgeführt werden. Die Beziehung dieses Tests lautet:

$$\sum_{i=1}^{n} f_i\,(u_i + 1)^k = \sum_{i=1}^{n} f_i \sum_{j=0}^{k} \binom{k}{j}\, u_i{}^{k-j}. \tag{64}$$

Für $k=1$ ergibt sich die Formel für die Prüfung des arithmetischen Mittels, nämlich:

$$\sum_{i=1}^{n} f_i\,(u_i+1) = \sum_{i=1}^{n} f_i\,u_i + \sum_{i=1}^{n} f_i.$$

Für $k=2$ erhält man die Formel für die Prüfung der Streuung, nämlich:

$$\sum_{i=1}^{n} f_i\,(u_i+1)^2 = \sum_{i=1}^{n} f_i\,u_i^2 + 2\sum_{i=1}^{n} f_i\,u_i + \sum_{i=1}^{n} f_i.$$

Weiter ergeben sich für $k=3$ und 4 die Formeln für die Prüfung der Momente dritter und vierter Ordnung:

$$\sum_{i=1}^{n} f_i\,(u_i+1)^3 = \sum_{i=1}^{n} f_i\,u_i^3 + 3\sum_{i=1}^{n} f_i\,u_i^2 + 3\sum_{i=1}^{n} f_i\,u_i + \sum_{i=1}^{n} f_i$$

und

$$\sum_{i=1}^{n} f_i\,(u_i+1)^4 = \sum_{i=1}^{n} f_i\,u_i^4 + 4\sum_{i=1}^{n} f_i\,u_i^3 + 6\sum_{i=1}^{n} f_i\,u_i^2 + 4\sum_{i=1}^{n} f_i\,u_i + \sum_{i=1}^{n} f_i$$

und so weiter.

Das folgende einfache Beispiel soll die praktische Verwendung des Charlier-Tests veranschaulichen. Gegeben sei die folgende Häufigkeit, für welche das arithmetische Mittel und die Streuung berechnet werden sollen.

Merkmalswerte x_i	Hilfsvariable u_i	Häufigkeit f_i	$f_i\,u_i$	$f_i\,u_i^2$
61	-2	5	-10	20
64	-1	18	-18	18
67	0	42	0	0
70	1	27	27	27
73	2	8	16	32
Zusammen	0	100	15	97

Das arithmetische Mittel ist hier $\bar{u}=0{,}15$ oder $\bar{x}=67{,}45$. Die Streuung ist gleich $\sigma^2=2{,}92$. Der Test von CHARLIER ergibt nun die folgenden Werte:

x_i	u_i+1	f_i	$f_i\,(u_i+1)$	$f_i\,(u_i+1)^2$
61	-1	5	-5	5
64	0	18	0	0
67	1	42	42	42
70	2	27	54	108
73	3	8	24	72
Zusammen		100	115	227

$k = 1$: arithmetisches Mittel:

$$\sum_{i=1}^{5} f_i \, (u_i + 1) = 115 = \sum_{i=1}^{5} f_i \, u_i + \sum_{i=1}^{5} f_i = 15 + 100 = 115$$

$k = 2$: Streuung:

$$\sum_{i=1}^{5} f_i \, (u_i + 1)^2 = 227 = \sum_{i=1}^{5} f_i \, u_i^2 + 2 \sum_{i=1}^{5} f_i \, u_i + \sum_{i=1}^{5} f_i = 97 + 30 + 100 = 227.$$

Die statistischen Momente höherer Ordnung ($k > 2$) werden vor allem zur Kennzeichnung der *Schiefe* von Häufigkeitsverteilungen verwendet. Die folgende Schiefemaßzahl S_1 hat sich in der Statistik besonders eingebürgert:

$$S_1 = \frac{\sqrt{\beta_1} \, (\beta_2 + 3)}{2 \, (5 \beta_2 - 6 \beta_1 - 9)}. \tag{65}$$

Hier bedeuten:

$$\beta_1 = \frac{\mu_3^2}{\mu_2^3} \quad \text{und} \quad \beta_2 = \frac{\mu_4}{\mu_2^2}.$$

Auch bezeichnet man oft

$$+ \sqrt{\beta_1} = \gamma_1 \quad \text{und} \quad \beta_2 - 3 = \frac{\mu_4 - 3 \mu_2^2}{\mu_2^2} = \gamma_2.$$

Für die Normalverteilung wird $\beta_2 = 3$ und folglich $\gamma_2 = 0$. Häufigkeitsverteilungen, für welche $\gamma_2 = 0$ ist, bezeichnet man als mesokurtische Verteilungen, solche, für welche $\gamma_2 > 0$ ist, bezeichnet man als leptokurtische (zugespitzte) Verteilungen, und Häufigkeitsverteilungen mit $\gamma_2 < 0$ sind platykurtische (abgeflachte) Verteilungen. Die Maßzahl γ_2 dient also zur Kennzeichnung der Steilheit bzw. Flachheit von Häufigkeitsverteilungen.

Für die β-Parameter hat KARL PEARSON allgemeine Formeln abgeleitet, nämlich:

$$\beta_{2n+1} = \frac{\mu_3 \, \mu_{2n+3}}{\mu_2^{n+3}} \quad \text{und} \quad \beta_{2n} = \frac{\mu_{2n+2}}{\mu_2^{n+1}}.$$

Einfache Schiefemaßzahlen lassen sich auf Grund der Mittelwerte aufstellen. So können die folgenden Schiefemaßzahlen abgeleitet werden:

$$S_2 = \frac{AM - MO}{\sigma}$$

und

$$S_3 = \frac{3 \, (AM - ME)}{\sigma}$$

AM = arithmetisches Mittel, MO = Modus, ME = Medianwert.

Oft ist es notwendig, von nichtzentrierten Momenten auf zentrierte Momente überzugehen oder umgekehrt. Bezeichnet man wiederum die Abweichung eines Merkmalswertes x_i von einem beliebigen Wert A mit d_A und die entsprechende Abweichung vom arithmetischen Mittel mit d_x, so findet man die Beziehung

$$\sum_{i=1}^{n} f_i\, d^{\,k}_{A_i} = \sum_{i=1}^{n} f_i\, (x_i + D)^k$$

mit $D = \bar{x} - A$. Entwickelt man nach dem binomischen Lehrsatz, so ergibt sich:

$$(x_i + D)^k = x_i{}^k + \binom{k}{1} D\, x_i{}^{k-1} + \binom{k}{2} D^2\, x_i{}^{k-2} + \ldots + D^k.$$

Daraus folgt:

$$\sum_{i=1}^{n} f_i\, d^{\,k}_{A_i} = \sum_{i=1}^{n} f_i\, x_i{}^k + \binom{k}{1} D \sum_{i=1}^{n} f_i\, x_i{}^{k-1} +$$

$$+ \binom{k}{2} D^2 \sum_{i=1}^{n} f_i\, x_i{}^{k-2} + \ldots + D^k \sum^{n} f_i.$$

Dividiert man beide Seiten durch n, so erhält man:

$$\mu_k{}' = \mu_k + \binom{k}{1} D\, \mu_{k-1} + \binom{k}{2} D^2\, \mu_{k-2} + \ldots + D^k \qquad (66)$$

wo $\mu_k{}'$ das nichtzentrierte Moment k-ter Ordnung und μ_k das zentrierte Moment k-ter Ordnung bezeichnen. Auf ähnliche Weise findet man:

$$\mu_k = \mu_k{}' - \binom{k}{1} D\, \mu'_{k-1} + \binom{k}{2} D^2\, \mu'_{k-2} \pm \ldots + (-1)^k D^k. \qquad (66\,a)$$

Bisher wurden die Momente ganz allgemein behandelt. Welche Werte nehmen sie aber für die Binomialverteilung an? Die Binomialverteilung ist bekanntlich durch die Beziehung

$$N\,(p + q)^n = N\left[q^n + \binom{n}{1} q^{n-1}\, p + \binom{n}{2} q^{n-2}\, p^2 + \ldots + p^n \right]$$

bestimmt. Für den allgemeinen Bezugswert $A = 0$ berechnet sich das nichtzentrierte Moment 1. Ordnung (in diesem Falle also das arithmetische Mittel der Verteilung) folgendermaßen:

$$\mu_1{}' = q^n\, 0 + \left[\binom{n}{1} q^{n-1}\, p\right] 1 + \left[\binom{n}{2} q^{n-2}\, p^2\right] 2 + \ldots + p^n\, n$$

wo die Faktoren $0, 1, 2, \ldots n$ die entsprechenden Abweichungen bezeichnen. Die Entwicklung dieser Beziehung ergibt:

$$\mu_1' = p\,[n\,q^{n-1} + n\,(n-1)\,q^{n-2}\,p + \ldots + n\,p^{n-1}] =$$
$$= n\,p\,[q^{n-1} + (n-1)\,q^{n-2}\,p + \ldots + p^{n-1}] =$$
$$= n\,p\,(p+q)^{n-1}.$$

Da aber $(p+q) = 1$ ist, ergibt sich das arithmetische Mittel der Binomialverteilung zu:

$$\mu_1' = n\,p. \tag{67}$$

Weiter ergeben sich für $A = 0$ die folgenden Momente:

$$\mu_2' = n\,p\,[(n-1)\,p + 1] \tag{67 a}$$

$$\mu_3' = n\,p\,[(n-1)\,(n-2)\,p^2 + 3\,(n-1)\,p + 1] \tag{67 b}$$

$$\mu_4' = n\,p\,[(n-1)\,(n-2)\,(n-3)\,p^3 + 6\,(n-1)\,(n-2)\,p^2 + 7\,(n-1)\,p + 1] \tag{67 c}$$

Für die zentrierten Momente ergeben sich die folgenden Werte:

$$\mu_2 = n\,p\,q \quad \text{(Streuung)} \tag{67 d}$$

$$\mu_3 = n\,p\,q\,(q-p) \tag{67 e}$$

$$\mu_4 = 3\,(n\,p\,q)^2 + n\,p\,q\,(1 - 6\,p\,q) \tag{67 f}$$

Eine besondere Eigenschaften aufweisende Gruppe statistischer Momente sind die Kumulanten oder — wie sie früher bezeichnet wurden — *Semiinvarianten*. Diese wurden von T. N. THIELE in die statistische Methodologie eingeführt[1]. Diese Parameter sind durch die folgende Beziehung definiert:

$$e^{\varkappa_1 t + \frac{\varkappa_2 t^2}{2!} + \ldots + \frac{\varkappa_r t^r}{r!} +} = 1 + \mu_1'\,t + \frac{\mu_2'\,t^2}{2!} + \ldots + \frac{\mu_r'\,t^r}{r!} + \tag{68}$$

wo μ_k' das nichtzentrierte Moment k-ter Ordnung $(A = 0)$ bezeichnet. In

---

[1] T. N. THIELE: Theory of Observations, London 1903; wieder gedruckt in: Ann. Math. Statist., Bd. 2, 1931, S. 165 ff.

vielen Fällen erweist es sich als zweckmäßig, t durch it zu ersetzen, wo $i = \sqrt{-1}$ ist. Dadurch ergibt sich die folgende Definitionsbeziehung:

$$e^{\varkappa_1(it) + \varkappa_2 \frac{(it)^2}{2!} + \ldots + \varkappa_r \frac{(it)^r}{r!} + } =$$

$$= 1 + \mu_1'(it) + \frac{\mu_2'(it)^2}{2!} + \ldots + \frac{\mu_r'(it)^r}{r!} + \ldots =$$

$$= \int_{-\infty}^{\infty} e^{itx}\, dF = \varphi(t). \tag{68 a}$$

Während also μ_r' der Faktor von $\dfrac{(it)^r}{r!}$ für $\varphi(t)$ ist, stellt $\varkappa_r$ den Faktor des Wertes $\dfrac{(it)^r}{r!}$ für $\ln \varphi(t)$ dar. Daraus folgt, daß eine Änderung des Bezugswertes von b_1 nach b_2 $(b_2 - b_1 = c)$, die Multiplikation der Funktion $\varphi(t)$ mit e^{-itc} bewirkt, d. h. die Wirkung auf $\ln \varphi(t)$ besteht nur in der Addition des Wertes itc, wodurch die Koeffizienten in der Beziehung $\ln \varphi(t)$ unverändert bleiben, außer dem ersten, der um c vermindert wird. Die Kumulanten (außer dem ersten $\varkappa_1$) erfahren durch eine Änderung des Bezugswertes keine Veränderung. Diese Eigenschaft macht sie für viele Verwendungen in der Statistik geeigneter als die Momente. Weiter ist zu erwähnen, daß Kumulanten und Momente durch eine weitere Eigenschaft gekennzeichnet sind. Werden nämlich die Merkmalswerte mit einer Konstanten K multipliziert, so werden die Momente μ_k' und die Kumulanten $\varkappa_k$ mit K^k multipliziert.

Auf Grund der Definitionsbeziehung für Kumulanten (68) und (68 a) lassen sich die Beziehungen zwischen Kumulanten und Momenten ableiten. Es gelten für einige Ordnungszahlen k die folgenden Formeln (für beliebige Bezugswerte A):

$$\mu_1' = \varkappa_1$$

$$\mu_2' = \varkappa_2 + \varkappa_1{}^2$$

$$\mu_3' = \varkappa_3 + 3\varkappa_2\varkappa_1 + \varkappa_1{}^3$$

$$\mu_4' = \varkappa_4 + 4\varkappa_3\varkappa_1 + 3\varkappa_2{}^2 + 6\varkappa_2\varkappa_1{}^2 + \varkappa_1{}^4.$$

Für zentrierte Momente gelten die folgenden Beziehungen $(\varkappa_1 = 0)$:

$$\mu_2 = \varkappa_2$$

$$\mu_3 = \varkappa_3$$

$$\mu_4 = \varkappa_4 + 3\varkappa_2{}^2.$$

Umgekehrt bestehen die folgenden Beziehungen:

$$\varkappa_1 = \mu_1'$$
$$\varkappa_2 = \mu_2' - \mu_1'^2$$
$$\varkappa_3 = \mu_3' - 3\,\mu_2'\,\mu_1' + 2\,\mu_1'^3$$
$$\varkappa_4 = \mu_4' - 4\,\mu_3'\,\mu_1' - 3\,\mu_2'^2 + 12\,\mu_2'\,\mu_1'^2 - 6\,\mu_1'^4$$

für zentrierte Momente:

$$\varkappa_2 = \mu_2$$
$$\varkappa_3 = \mu_3$$
$$\varkappa_4 = \mu_4 - 3\,\mu_2^2.$$

Bei der Ableitung der statistischen Momente und der Kumulanten kommt der sogenannten *momentenerzeugenden Funktion* eine besondere Bedeutung zu. Was darunter zu verstehen ist, soll nachfolgend kurz dargelegt werden. In diesem Zusammenhange soll zuerst ganz allgemein die *erzeugende Funktion* definiert werden.

Es sei eine Folge reeller Zahlen, $z_1, z_2, \ldots$, und eine reelle Variable v gegeben. Die Funktion

$$F(v) = \sum_{i=0}^{\infty} z_i\, v^i \tag{69}$$

wird als *gewöhnliche erzeugende Funktion* der Folge $\{z^i\}$ bezeichnet. Dabei wird angenommen, daß die Reihe

$$\sum_{i=0}^{\infty} z_i\, v^i$$

in einem Intervall $[v_0, v_1]$ gegen $F(v)$ konvergiert.

Eine besondere erzeugende Funktion ist die *exponentielle erzeugende Funktion*

$$G(v) = \sum_{i=0}^{\infty} z_i\, \frac{v^i}{i!}. \tag{70}$$

Diese Funktion ist zwar nicht allgemein als erzeugende Funktion anerkannt; demgegenüber wird Funktion (69) ganz allgemein als erzeugende Funktion verwendet. Diese erzeugenden Funktionen gaben Anlaß zur Bildung bestimmter Algebren und Kalküle; so bezeichnet man die mit der gewöhnlichen erzeugenden Funktion [Formel (69)] zusammenhängende Algebra die Cauchy-Algebra, während das mit der exponentiellen erzeugenden Funktion zusammenhängende Kalkül als Blissard-Kalkül bezeichnet wird.

Setzt man nun $0 \leqq z_i \leqq 1$ und $\sum\limits_{i=0}^{\infty} z_i = 1$, so können die Werte z_i als Wahrscheinlichkeiten p_i betrachtet werden. Es kann dann

$$p_i = P\,(x = v_i)$$

gesetzt werden. Dadurch erhält man die *wahrscheinlichkeitserzeugende Funktion*

$$W\,(v) = E\,(v^i) = \sum\limits_{i=0}^{\infty} p_i\, v^i. \tag{71}$$

Mit dieser Funktion lassen sich Wahrscheinlichkeitsverteilungen erzeugen.

Differenziert man diese wahrscheinlichkeitserzeugende Funktion nach v, so ergibt sich

$$W'\,(v) = \sum\limits_{i=0}^{\infty} i\, p_i\, v^{i-1} \tag{71 a}$$

Wird hier nun $v = 1$ gesetzt, dann ist:

$$W'\,(1) = \sum\limits_{i=0}^{\infty} i\, p_i = E\,(x) \tag{71 b}$$

sofern i das Auftreten der Zufallsvariablen x_i bezeichnet.

Wird $W'\,(v)$ nach Formel (71 a) nochmals nach v differenziert, so erhalten wir:

$$W''\,(v) = \sum\limits_{i=0}^{\infty} i\,(i-1)\, p_i\, v^{i-2}. \tag{71 c}$$

Setzt man nun wiederum $v = 1$, so wird:

$$W''\,(1) = \sum\limits_{i=0}^{\infty} i\,(i-1)\, p_i =$$

$$= \sum\limits_{i=0}^{\infty} i^2\, p_i - \sum\limits_{i=0}^{\infty} i\, p_i =$$

$$= E\,(x^2) - E\,(x) = E\,(x^2) - W'\,(1).$$

Daraus folgt:

$$E\,(x^2) = W''\,(1) + W'\,(1)$$

$E(x^2)$ ist aber das zentrierte Moment zweiter Ordnung μ_2. Da bekanntlich

$$\sigma^2 = E(x^2) - [E(x)]^2$$

kann man die Streuung auch folgendermaßen ausdrücken:

$$\sigma^3 = W''(1) + W'(1) - [W(1)]^2$$

oder

$$\sigma^2 = W''(1) + W'(1)[1 - W(1)]^2 \tag{71 d}$$

Die *momentenerzeugenden Funktionen* entstehen nun, wenn wiederum bei der erzeugenden Funktion bestimmte Annahmen getroffen werden. Setzt man nämlich in

$$W(v) = E(v^i)$$

[Formel (71)] statt $E(v^i)$ die Beziehung

$$E(e^{vx}),$$

so erhält man die momentenerzeugenden Funktionen

$$M(v) = E(e^{vx}).$$

Für unstetige Variablen ergibt sich dafür die Beziehung

$$M(v) = \sum_{i=0}^{\infty} e^{vx_i} p_i \tag{72}$$

und für stetige Veränderliche

$$M(x) = \int_{-\infty}^{\infty} e^{vx} f(x)\, dx. \tag{72 a}$$

Dabei ist v als reell vorausgesetzt. Die Momente der Zufallsvariablen werden hier wiederum durch Differentiation der momentenerzeugenden Funktion gewonnen. Dabei gibt die k-te Ableitung von $M(v)$ an der Stelle $v = 0$ das nichtzentrierte Moment k-ter Ordnung.

Greifen wir zurück auf die Grundbeziehung für die momentenerzeugende Funktion

$$M(v) = E(e^{vx}).$$

Diese Beziehung kann auch folgendermaßen geschrieben werden:

$$M(v) = E\left(1 + vx + \frac{v^2}{2!}x^2 + \ldots\right)$$

d. h. eine konvergierende unendliche Reihe. Weiter ist nun:

$$M(v) = 1 + v\,E(x) + \frac{v^2}{2!}\,E(x^2) + \ldots + \frac{v^k}{k!}\,E(x^k) + \ldots =$$

$$= 1 + x\,\mu_1' + \frac{v^2}{2!}\,\mu_2' + \ldots + \frac{v^k}{k!}\,\mu_k' + \ldots$$

Die k-malige Differentiation dieses Ausdruckes nach v ergibt:

$$\frac{dM(v)}{dv} = \mu_1' + \frac{2}{2!}\,v\,\mu_2' + \frac{3}{3!}\,v^2\,\mu_3' + \ldots + \frac{k}{k!}\,v^{k-1}\,\mu_k' +$$

$$+ \frac{k+1}{(k+1)!}\,v^k\,\mu'_{k+1} + \ldots$$

$$\frac{d^2 M(v)}{dv^2} = \mu_2' + \frac{2\cdot 3}{3!}\,v\,\mu_3' + \ldots + \frac{k(k-1)}{k!}\,v^{k-2}\,\mu_k' +$$

$$+ \frac{k(k+1)}{(k+1)!}\,v^{k-1}\,\mu'_{k+1} + \ldots$$

$$\frac{d^3 M(v)}{dv^3} = \mu_3' + \ldots + \frac{k(k-1)(k-2)}{k!}\,v^{k-3}\,\mu_k +$$

$$+ \frac{(k-1)\,k\,(k+1)}{(k+1)!}\,v^{k-2}\,\mu'_{k+1} + \ldots$$

$$\cdots\cdots\cdots\cdots\cdots\cdots\cdots\cdots\cdots\cdots\cdots\cdots$$

$$\frac{d^k M(v)}{dv^k}\bigg|_{v=0} = \mu_k'.$$

Damit ist gezeigt, daß durch k-malige Differentiation der momentenerzeugenden Funktion das nichtzentrierte Moment k-ter Ordnung gewonnen werden kann.

Die praktische Verwendung der momentenerzeugenden Funktion sei am Beispiel der negativen Exponentialverteilung (vgl. S. 83, 85) gezeigt. Die momenterzeugende Funktion lautet nach Formel (72 a):

$$M(v) = \int\limits_{-\infty}^{\infty} e^{vx} f(x)\,dx$$

wo

$$f(x) = k\,e^{-kx}$$

mit $0 \leqq x < \infty$. Daraus folgt:

$$M(x) = \int\limits_{0}^{\infty} e^{vx}\,k\,e^{-kx}\,dx =$$

$$= k \int\limits_{0}^{\infty} e^{-(k-v)x}\,dx.$$

Nun ist bekanntlich

$$\int e^{-(k-v)x}\,dx = -\frac{1}{k-v}\,e^{-(k-v)x}.$$

Damit ergibt sich:

$$M(v) = -\frac{k}{k-v}\,e^{-(k-v)x}\,\Big|_0^\infty = \frac{k}{k-v}.$$

Dafür kann man auch schreiben:

$$M(v) = \frac{k}{k-v} = 1 + \frac{v}{k} + \frac{v^2}{k^2} + \frac{v^3}{k^3} + \dots$$

Die r-te Ableitung nach v, wobei dann $v = 0$ gesetzt wird, ist das r-te Moment, d. h.

$$\mu_r' = \frac{r!}{k^r}.$$

Für $r = 1$ folgt das nichtzentrierte Moment erster Ordnung:

$$\mu_1' = \frac{1}{k}$$

und für $r = 2$ das nichtzentrierte Moment zweiter Ordnung:

$$\mu_2' = \frac{2}{k^2}.$$

Auf diesem Wege lassen sich die nichtzentrierten Momente beliebiger Verteilungen und daraus dann die in der Statistik üblichen Parameter ableiten, wie z. B. das arithmetische Mittel und die Streuung. So nehmen diese Parameter für einige wichtige Verteilungen die folgenden Werte an:

Verteilung	arithmetisches Mittel	Streuung
Hypergeometrische Verteilung	np	$\dfrac{N-n}{N-1}\,npq$
Binomialverteilung	np	npq
Negative Binomialverteilung	$\dfrac{kq}{p}$	$\dfrac{kq}{p^2}$
Poisson-Verteilung	m	m
Normalverteilung	M	σ^2
Weibull-Verteilung	$c\left(\dfrac{1}{b}\right)!$	$c^2\left[\left(\dfrac{2}{b}\right)! - \left(\dfrac{1}{b}\right)!^{\,2}\right]$
Negative Exponentialverteilung	$\dfrac{1}{k}$	$\dfrac{1}{k^2}$

Läßt man die Bedingung, daß v ein reeller Wert sein soll, fallen, so führt dies zu den *charakteristischen Funktionen*. Diese sind folgendermaßen definiert:

$$C\,(v) = E\,(e^{i\,v\,x}) \tag{73}$$

wo $i = \sqrt{-1}$. Bei unstetigen Verteilungen ergibt sich:

$$C\,(v) = \sum_{j=0}^{\infty} e^{i\,v\,x_j}\,p_j \tag{73 a}$$

und bei stetigen Verteilungen

$$C\,(v) = \int_{-\infty}^{\infty} e^{i\,v\,x}\,f\,(x)\,d\,x. \tag{73 b}$$

Dabei ist die k-te Ableitung der charakteristischen Funktion an der Stelle $v = 0$

$$C^{(k)}\,(0) = \mu_k\,i^k \tag{73 c}$$

μ_k existent.

Wie schon eingangs (vgl. S. 42) dargelegt worden ist, kann nach R. A. FISHER die Streuung als eine Maßzahl des Informationsgehaltes aufgefaßt werden. Danach ist der Informationsgehalt umgekehrt proportional zur Streuung. Dies besagt, daß der Informationsgehalt dann am kleinsten wird, wenn die Streuung am größten ist, und umgekehrt ist der Informationsgehalt dann am größten, wenn die Streuung am kleinsten, d. h. die Gruppierung der einzelnen Merkmalswerte sehr eng um das arithmetische Mittel ist. Die Beziehung zwischen Informationsgehalt und Streuung

$$J = \frac{1}{\sigma^2}$$

stellt graphisch einen Hyperbelast dar. Der Informationsverlust ist folglich dann groß, wenn bei kleinen Streuungswerten eine Streuungszunahme erfolgt. Eine gleich große Streuungszunahme bei höheren Streuungswerten bewirkt einen kleineren Informationsverlust.

Wohl ist die Streuung das üblichste Streuungsmaß in der Statistik. Daneben aber sind auch andere, weniger gebräuchliche Streuungsmaße zu nennen. Ein solches Streuungsmaß ist die *durchschnittliche Abweichung*

$$d = \frac{\sum\limits_{i=1}^{n} |x_i - \bar{x}|}{n} \tag{74}$$

d. h. die Summe der absoluten Werte der Abweichungen der einzelnen Merkmalswerte von ihrem arithmetischen Mittel, dividiert durch ihre Anzahl.

Ein weiteres Streuungsmaß ist die *Spanne* oder *Variationsbreite*. Sie ist gleich der Differenz zwischen dem größten Merkmalswert x_n und dem kleinsten Merkmalswert x_1, d. h. also:

$$R = x_n - x_1. \tag{75}$$

Dieses Streuungsmaß wird sehr oft in der statistischen Qualitätskontrolle verwendet, weil es sehr leicht zu berechnen ist. Im Gegensatz zur mittleren quadratischen Abweichung und zur durchschnittlichen Abweichung ist die Spanne ein mittelwertsunabhängiges Streuungsmaß.

Ein weiteres mittelwertsunabhängiges Streuungsmaß ist der *mittlere Quartilabstand*

$$Q = \frac{Q_3 - Q_1}{2} \tag{76}$$

Q_3 ist das obere Quartil, d. h. jener Merkmalswert, für welchen die nach Größe geordneten Reihen der Merkmalswerte zu drei Vierteln unterhalb von Q_3 und zu einem Viertel oberhalb von Q_3 liegen. Q_1 ist das untere Quartil, d. h. jener Merkmalswert, für welchen ein Viertel der Merkmalswerte unterhalb und drei Viertel oberhalb dieses Wertes liegen. Ein einfaches Beispiel soll die Bedeutung dieser Quartile und ihre Verwendung für die Berechnung des mittleren Quartilabstandes aufzeigen. Gegeben sei die folgende Reihe von Merkmalswerten:

$$2,\ 2,\ 2,\ \underline{3},\ 5,\ 5,\ 8,\ \underline{9},\ 10,\ 10,\ 15,\ \underline{30},\ 30,\ 40,\ 40$$
$$Q_1MEQ_3$$

Daraus folgt der mittlere Quartilabstand zu:

$$Q = \frac{30 - 3}{2} = 13{,}5.$$

In dieser Gruppe der Streuungsmaße fällt auch die von GINI im Jahre 1912 eingeführte *mittlere Differenz Δ*. Sie ist gleich der Summe der absoluten Differenz jedes Merkmalswertes zu jedem anderen Merkmalswert. Dabei ist die *mittlere Differenz mit Wiederholung Δ_w* und die *mittlere Differenz ohne Wiederholung Δ* zu unterscheiden. Bei der mittleren Differenz mit Wiederholung werden alle möglichen Differenzen, d. h. also n^2 Differenzen, berücksichtigt, wenn n die Anzahl der Merkmalswerte bezeichnet; bei der mittleren Differenz ohne Wiederholung aber werden die Differenzen der Merkmalswerte zu sich selber nicht berücksichtigt, d. h. die genannte Summe ist dann durch $n(n-1)$ zu dividieren. Es gelten also die folgenden Formeln:

mittlere Differenz mit Wiederholung:

$$\Delta_w = \frac{\sum\limits_{i,j=1}^{n^2} |x_i - x_j|}{n^2} \qquad i,j = 1, 2, 3, \ldots n \qquad (77\,a)$$

mittlere Differenz ohne Wiederholung:

$$\Delta = \frac{\sum\limits_{i,j=1}^{n(n-1)} |x_i - x_j|}{n(n-1)} \qquad \begin{aligned} &i,j = 1, 2, 3, \ldots n \\ &i \neq j \end{aligned} \qquad (77\,b)$$

Was die Beziehung zwischen diesen beiden Formeln betrifft, so gilt offensichtlich die Formel:

$$\Delta_w = \frac{n-1}{n}\,\Delta \qquad (77\,c)$$

Für die folgenden Merkmalswerte soll die mittlere Differenz bestimmt werden:

$$2,\ 4,\ 7,\ 9.$$

Die Summe der absoluten Werte der Abweichungen wird dann gleich:

$$|2-2| + |2-4| + |2-7| + |2-9| +$$
$$+ |4-2| + |4-4| + |4-7| + |4-9| +$$
$$+ |7-2| + |7-4| + |7-7| + |7-9| +$$
$$+ |9-2| + |9-4| + |9-7| + |9-9| = 48$$

$$\Delta_w = \frac{48}{16} = 3 \quad \text{und} \quad \Delta = \frac{48}{12} = 4.$$

Die Streuungsmaße für zwei oder mehrere verschiedene Kollektive können in der Regel nicht direkt miteinander verglichen werden. Sie müssen zuerst in *relative Streuungsmaße* umgewandelt werden. Diese vergleichbaren Streuungsmaße sind nun dimensionslose Zahlen, d. h. sie sind nicht in der Maßeinheit der Merkmalswerte ausgedrückt (z. B. Einwohner, Franken usw.). Ein einfaches Beispiel soll dies zeigen.

Es soll angenommen werden, daß ein Kollektiv durch das arithmetische Mittel 10 und die mittlere quadratische Abweichung 5 und ein zweites Kollektiv durch das arithmetische Mittel 100 und die mittlere quadra-

tische Abweichung 5 gekennzeichnet sind. Die Gleichheit dieser Streuungsmaßzahlen besagt nun nicht, daß in beiden Fällen die Gruppierung der
Merkmalswerte um den Mittelwert gleich sei. Vielmehr ist diese Gruppierung im zweiten Fall enger. Dies zeigt sich, wenn man den *Variabilitätskoeffizienten VK* berechnet. Es ist nämlich:

$$VK = 100\,\frac{\sigma}{\bar{x}}\,\% .\tag{78}$$

In unserem Falle ist der Variabilitätskoeffizient für das erste Kollektiv
gleich

$$VK_1 = 100\,\frac{5}{18} = 50\,\%$$

und für das zweite Kollektiv

$$VK_2 = 100\,\frac{5}{100} = 5\,\%$$

d. h. also erwartungsgemäß kleiner als im ersten Falle.

Das der durchschnittlichen Abweichung entsprechende relative Streuungsmaß ist

$$d_r = 100\,\frac{d}{ME}\,\%\tag{79}$$

d. h. die durch den Medianwert geteilte durchschnittliche Abweichung.

Das zur mittleren Differenz gehörige relative Streuungsmaß stellt eine
wichtige statistische Maßzahl dar, nämlich das *Konzentrationsverhältnis RV*

$$RV = \frac{\varDelta}{2\,\bar{x}} .\tag{80}$$

Die Division durch den doppelten Betrag des arithmetischen Mittels ist
dadurch gegeben, weil $2\,\bar{x}$ den maximalen Wert darstellt, den die mittlere
Differenz annehmen kann. Dieser maximale Wert stellt sich ein, wenn
die Summe aller Merkmalswerte sich auf einen Merkmalswert konzentriert, während alle anderen $(n-1)$ Merkmalswerte gleich Null sind.
Aus der Formel für die mittlere Differenz ohne Wiederholung (Formel 77a) errechnet sich dieser maximale Wert der mittleren Differenz

$$\varDelta_{\max} = \frac{2\,(n-1)\,S}{n\,(n-1)} = \frac{2S}{n} = 2\,\bar{x}$$

wo S die Summe aller Merkmalswerte bedeutet.

Ein weiteres Konzentrationsmaß ist der *Konzentrationsindex δ* von GINI. Dieser Parameter ist durch die folgende Definitionsgleichung bestimmt:

$$\left(\frac{\sum\limits_{i=n-m+1}^{n} x_i}{\sum\limits_{i=1}^{n} x_i}\right)^{\delta} = \frac{m}{n}. \tag{81}$$

Diese Formel besagt, daß das Verhältnis der Einkommenssumme der oberen m Einkommensbezieher zur Gesamteinkommenssumme mit der Maßzahl δ zu potenzieren ist, um gleich dem Verhältnis der m Einkommensbezieher zur Gesamtzahl der Einkommensbezieher n zu sein. Es sind hier also Einkommensverteilungen zugrunde gelegt, weil sich der Konzentrationsindex vor allem für die Kennzeichnung von Einkommensverteilungen eignet. Die erwähnte Beziehung entspricht der Formel

$$y = \frac{E^{\delta}}{K} \tag{81 a}$$

oder

$$\log y = \delta \log E - \log K \tag{81 b}$$

y ist hier gleich der Anzahl der Zensiten mit einem Einkommen, das über einer bestimmten Grenze liegt, und E stellt deren Einkommen dar (K ist eine Konstante). Setzt man in diese Formel einerseits $y = n$ und $E = \sum\limits_{i=1}^{n} x_i$ und andrerseits $y = m$ und $E = \sum\limits_{i=n-m+1}^{n} x_i$ und subtrahiert man die erste Beziehung von der zweiten, so ergibt sich die Beziehung (81).

Die praktische Berechnung des Konzentrationsindex von GINI soll auf Grund eines Beispiels kurz dargelegt werden. Diese Maßzahl soll für die Einkommensverteilung der natürlichen Personen nach der Eidgenössischen Wehrsteuer, 12. Periode (1963/64), ermittelt werden.

Eidgenössische Wehrsteuer, 12. Periode (1963 — 64)[1]

Einkommensklassen (1000 Fr.)	Pflichtige	Einkommen (1000 Fr.)
bis 10	637 033	4 945 541
10 — 15	369 339	4 420 527
15 — 20	126 754	2 161 402
20 — 50	122 112	3 475 887
50 — 100	21 149	1 428 113
100 und mehr	8 786	1 874 292
Zusammen	1 285 173	18 305 762

[1] Statistische Quellenwerke der Schweiz, Heft 408, herausgegeben vom Eidgenössischen Statistischen Amt, Bern, Juni 1967, S. 22 (die ursprüngliche Einkommensverteilung wurde für unsere Zwecke zusammengefaßt).

Zur Berechnung des Konzentrationsindex werden zuerst die Summenreihen der Pflichtigen und deren Einkommen bestimmt. Hernach werden die Verhältnisse dieser aufaddierten Zensitenzahlen und Einkommen und der entsprechenden Gesamtzahlen der Zensiten bzw. Einkommen errechnet. Diese Zahlen finden sich in der nachfolgenden Tabelle.

Einkommen (1000 Fr.)	Pflichtige	Einkommen (1000 Fr.)	Verhältnisse	
			Pflichtige	Einkommen
über 0	1 285 173	18 305 762	1,00000	1,00000
über 10	648 140	13 360 221	0,50432	0,72984
über 15	278 801	8 939 694	0,21694	0,48835
über 20	152 047	6 778 292	0,11831	0,37028
über 50	29 935	3 302 405	0,02329	0,18040
über 100	8 786	1 874 292	0,00684	0,10239

Nunmehr werden die Exponenten δ_i gesucht, für welche

$$V_{e_i}^{\delta_i} = V_{z_i}$$

gilt, worin das Verhältnis der Pflichtigen mit V_z und das der Einkommen mit V_e bezeichnet wird. Dadurch erhält man die folgenden Werte für δ_i:

Einkommen (1000 Fr.)	δ_i
über 0	—
über 10	2,17
über 15	2,13
über 20	2,15
über 50	2,20
über 100	2,19

Diese Klassen-Konzentrationsindizes schwanken zwischen 2,13 und 2,20. Als eine diese Werte kennzeichnende Zahl kann das arithmetische Mittel angenommen werden; dieses stellt sich auf $\delta = 2,17$. Dieser Wert wird als der Konzentrationsindex der Verteilung bezeichnet.

Ein dem Konzentrationsindex δ ähnlicher Parameter ist die Konstante a von PARETO. Ihre Bedeutung geht aus der folgenden Formel hervor, die als Paretosche Beziehung bei Einkommensverteilungen bekannt ist.

$$y = \frac{A}{x^a} \tag{82}$$

worin y die Anzahl der Einkommensbezieher, x die untere Klassengrenze einer jeden Einkommensklasse, a das Paretosche Maß und A eine Konstante bezeichnen. In der Beziehung von PARETO erscheint die Einkommensklassengrenze, während in der Beziehung von GINI die Einkommenssumme zugrunde gelegt wird. Zwischen der Maßzahl von PARETO und dem Konzentrationsindex von GINI besteht nun die folgende theoretische Beziehung (die bei praktischen Einkommensverteilungen nicht immer genau erfüllt ist):

$$\delta = \frac{\alpha}{\alpha - 1}. \tag{83}$$

Während der Konzentrationsindex eine bestimmte Häufigkeitsverteilung der Merkmalswerte voraussetzt (lineare logarithmische Funktion) und deshalb streng genommen nur für Kollektive verwendet werden sollte, die dieser Verteilung genügen, kann das Konzentrationsverhältnis RV (Formel 80) auch bei Kollektiven herangezogen werden, die durch diese lineare logarithmische Funktion nicht gekennzeichnet sind. Anstatt dieses Konzentrationsmaß aus der mittleren Differenz zu berechnen, kann es auch nach folgender Formel ermittelt werden.

$$RV = \frac{\sum\limits_{i=1}^{n} p_i\,RV_i}{\sum\limits_{i=1}^{n} p_i} = \frac{\sum\limits_{i=1}^{n} (p_i - q_i)}{\sum\limits_{i=1}^{n} p_i} \tag{84}$$

worin

$$RV_i = \frac{p_i - q_i}{p_i} \tag{84 a}$$

und

$$p_i = \frac{\sum\limits_{j=1}^{i} N_j}{\sum\limits_{j=1}^{n} N_j} \quad \text{und} \quad q_i = \frac{\sum\limits_{j=1}^{i} E_j}{\sum\limits_{j=1}^{n} E_j}. \tag{84 b}$$

Wie ersichtlich ist, stellt Formel (84) das mit p_i gewogene arithmetische Mittel aller RV_i-Werte dar.

Auch diese Maßzahl soll an Hand eines Beispiels veranschaulicht werden. Es sei die Konzentration der landwirtschaftlichen Betriebe nach der Betriebsgröße (vgl. S. 63) zu bestimmen.

Betriebe mit einer Kulturfläche von .... ha	Anzahl der Betriebe	Betriebsfläche (ha)
0 — 1	30 459	14 117
1,01 — 5	44 340	116 110
5,01 — 10	39 954	287 900
10,01 — 15	25 503	303 326
15,01 — 20	11 519	192 640
20,01 — 30	7 388	170 921
30,01 — 50	2 552	91 757
50,01 — 70	436	24 790
70,01 — 100	164	13 132
100,01 und mehr	99	16 812
Zusammen	162 414	1 231 505

Zuerst werden die Verhältniszahlen p_i und q_i nach der Formel (84 b) bestimmt.

Betriebe mit einer Kulturfläche von .... ha	p_i	q_i	$p_i - q_i$	RV_i
bis 1	0,18754	0,01146	0,17608	0,93980
bis 5	0,46055	0,10575	0,35480	0,22962
his 10	0,70655	0,33525	0,37130	0,47450
bis 15	0,86357	0,58583	0,27774	0,67839
bis 20	0,93450	0,74226	0,19224	0,20572
bis 30	0,98000	0,88105	0,09895	0,10097
bis 50	0,99570	0,95555	0,04015	0,04032
bis 70	0,99838	0,97569	0,02269	0,02273
bis 100	0,99930	0,98635	0,01304	0,01305
Zusammen	7,12618		1,54699	

In dieser Tabelle wurde beispielsweise p_2 aus dem Verhältnis

$$\frac{30\,459 + 44\,340}{162\,414}$$

und q_2 aus dem Verhältnis

$$\frac{14\,117 + 116\,110}{1\,231\,505}$$

berechnet. Diese Werte besagen, daß von 46 % aller Betriebe, die am kleinsten sind, nur rund 11 % der gesamten Betriebsfläche beansprucht wird. Den übrigen 54 % aller Betriebe gehören aber 89 % der gesamten Betriebsfläche. Dies weist auf eine ungleichmäßige Verteilung hin. Die übrigen p_i- und q_i-Werte wurden in entsprechender Weise ermittelt. Das Konzentrationsverhältnis läßt sich auf Grund der Formel (84) bestimmen; es ist

$$\underline{RV} = \frac{1,54699}{7,12618} = \underline{0,21709}.$$

Dem Konzentrationsverhältnis ist die angenehme Eigenschaft inne, daß es zwischen zwei Extremalwerten schwankt. Bei kleinster Konzentration, d. h. bei Gleichverteilung, nimmt diese Maßzahl den Wert Null an und bei größter Konzentration den Wert Eins. Diese Eigenschaft ermöglicht es, das Ausmaß der Konzentration auf Grund dieser Maßzahl abzuschätzen. So kann man im vorliegenden Beispiel sagen, daß die Konzentration mit $RV = 0,21709$ eher tief ist.

Die Verhältnisse p_i und q_i können nun auf den Achsen eines rechtwinkligen Koordinatensystems abgetragen werden. Die Punkte $P_i (p_i, q_i)$ ergeben dann die sogenannte Konzentrationskurve (Abb. 19). Die Diagonale stellt den Fall dar, wo $p_i = q_i$ ist, d. h. den Fall der Gleichverteilung (kleinste Konzentration). Die empirische Kurve für das angeführte Beispiel hängt etwas nach unten durch. Das geschraffte Flächenstück zwischen der Diagonale und der empirischen Kurve stellt ein geometrisches Maß

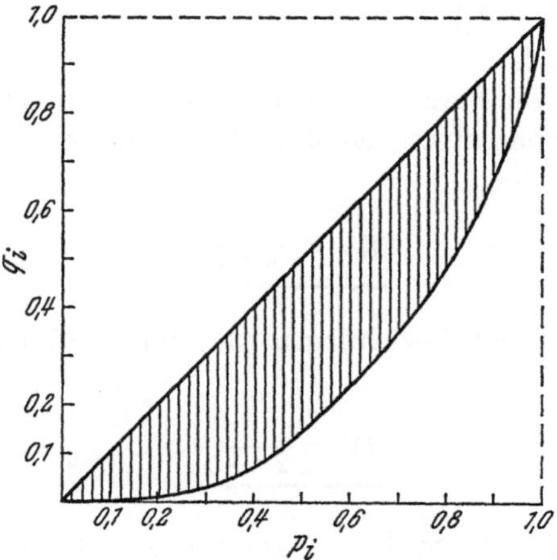

Abb. 19. Konzentrationskurve
Landwirtschaftliche Betriebe nach Betriebsgröße in der Schweiz, 1965
$RV = 0,21709$

der Konzentration dar. Je größer diese Fläche ist, desto größer wird auch die Konzentration sein und umgekehrt. Diese Konzentrationskurven sind auch unter der Bezeichnung Lorenz-Kurven bekannt.

Bei dieser Maßzahl ist zu beachten, daß sie nicht direkt mit anderen Konzentrationsverhältnissen verglichen werden kann. GINI hat für den Vergleich von zwei Konzentrationsverhältnissen die folgende Formel vorgeschlagen:

$$D = 100 \frac{RV_2 - RV_1}{\sqrt{RV_1 (1 - RV_2)}}. \tag{85}$$

Die Maßzahl D gibt hier den prozentualen Unterschied zwischen den beiden Konzentrationsverhältnissen an.

Vergleicht man beispielsweise das Konzentrationsverhältnis für die landwirtschaftlichen Betriebe in der Schweiz ($RV_1 = 0,21709$) mit der entsprechenden Maßzahl für den Kanton Freiburg[1], die sich auf $RV_2 = 0,20946$ stellt, so ergibt der direkte Vergleich, daß die Konzentration im Kanton Freiburg etwas weniger ausgeprägt ist als in der Schweiz. Das

---

[1] Die Verteilung der Betriebe findet sich in den Statistischen Quellenwerken der Schweiz, Heft 419, Reihe De 5, S. 66, herausgegeben vom Eidgenössischen Statistischen Amt, Bern.

Konzentrationsverhältnis für den Kanton Freiburg ist in diesem Falle 96,49 % des Konzentrationsverhältnisses für die ganze Schweiz, d. h. es ist um rund 3,5 % tiefer. Richtigerweise aber muß man den Vergleich auf Grund der Beziehung (85) durchführen. Diese Rechnung ergibt für D den Wert von rund —1,9 %, d. h. der Unterschied stellt sich hier auf etwas weniger als 2 %.

Das Konzentrationsverhältnis steht nun auch in einem bestimmten Verhältnis zum Konzentrationsindex. Diese Beziehung ist durch die Formel

$$RV = \frac{\delta - 1}{\delta + 1} \tag{86}$$

gekennzeichnet. Aus den Beziehungen (83) und (86) leitet sich die folgende Formel ab:

$$RV = \frac{1}{2\,a - 1} \tag{87}$$

d. h. die Beziehung zwischen dem Konzentrationsverhältnis und der Maßzahl von PARETO.

Die Streuungsmaße können für quantitative wie auch qualitative Merkmale berechnet werden. Im ersten Falle spricht man von *Variabilität*, im zweiten Falle von *Mutabilität*. Bei qualitativen Merkmalen müssen diese in quantitative Merkmale übergeführt werden. Dies kann dadurch geschehen, daß man den qualitativen Merkmalen Quantitäten zuordnet. So kann man statt des qualitativen Merkmals der Farbe die entsprechende Wellenlänge des Lichtes einführen. Diese Übertragung drängt sich durch eine natürliche Beziehung auf. Beim qualitativen zyklischen Merkmal der Monate könnte man, dem allgemeinen Brauch folgend, den Januar mit dem quantitativen Merkmal 1, den Februar mit 2 usw. bis Dezember mit 12 bezeichnen. Bei einem ungeordneten qualitativen Merkmal aber müssen andere Gesichtspunkte eingeführt werden. So könnte man den einzelnen Ländernamen Ordnungszahlen zuordnen, die der alphabetischen Reihenfolge dieser Länder entspricht. Oder beim Merkmal des Zivilstandes könnte man, dem allgemeinen Brauch entsprechend, ledig durch 1, verheiratet durch 2, verwitwet durch 3 und geschieden durch 4 kennzeichnen.

Die aufgeführten Maßzahlen der Gruppierung umfassen selbstverständlich nicht alle möglichen Maßzahlen dieser Art. Sie stellen eine Auswahl dar, die bei praktischen statistischen Untersuchungen sehr häufig angewendet werden. Diese Maßzahlen der Gruppierung, wie auch jene der Lage, werden durch eine weitere Gruppe von Maßzahlen ergänzt, die als Maßzahlen der Verteilung bezeichnet werden könnten. Darauf soll im nächsten Abschnitt eingegangen werden.

3.5. Maßzahlen der Aufteilung

Die Maßzahlen der Aufteilung unterscheiden sich von den Maßzahlen der Lage und jenen der Gruppierung insofern, als sie die Zusammenhänge zwischen zwei oder mehr Merkmalen aufzeigen sollen. In diese Gruppe statistischer Maßzahlen fallen die Assoziations- und die Kontingenzmaße. Bevor auf die einzelnen Maßzahlen eingegangen wird, sollen einige grundlegende Begriffe eingeführt werden.

Eine statistische Untersuchung kann darauf begründet sein, daß das Vorhandensein oder Nichtvorhandensein eines bestimmten Merkmals festgestellt wird. Die quantitative Grundlage der statistischen Verarbeitung ist durch die Anzahl der Merkmalsträger gegeben, für welche das betreffende Merkmal zutrifft oder nicht zutrifft. Dieser Zweig der Statistik wird als *Statistik der Attribute* bezeichnet. Andrerseits kann eine statistische Untersuchung darin bestehen, daß für ein bestimmtes Element die Größe eines Merkmals festgestellt und verarbeitet wird. So könnte beispielsweise das Merkmal als Preis definiert werden. In diesem Falle würde also der Preis einer bestimmten Ware (Element) festgestellt und statistisch verarbeitet. Dieser Zweig der Statistik wird als *Statistik der Variablen* bezeichnet. Von der Statistik der Variablen war bisher die Rede, und es soll später wieder darauf zurückgekommen werden. In diesem Abschnitt seien nun einige Maßzahlen behandelt, welche die Statistik der Attribute betreffen.

Es sei A ein Merkmal des Untersuchungsobjekts (Element). Das gegenteilige Merkmal wird dann mit $\overline{A}$ oder α bezeichnet. Ist das Merkmal A beispielsweise „männlich", so ist $\overline{A}$ oder α „weiblich". Oder ist andrerseits das Merkmal A gleichbedeutend mit „berufstätig", so ist $\overline{A}$ oder α „nicht-berufstätig". Dabei wird nicht unterschieden, um welche Art der Nicht-Berufstätigkeit es sich handelt (Pensionierung, Arbeitslosigkeit, krankheitsbedingte Nicht-Berufstätigkeit usw.). Die Anzahl der Elemente, die durch das Merkmal A gekennzeichnet sind, bezeichnet man als (A). Entsprechend wird die Anzahl der Elemente, für welche das Merkmal A nicht zutrifft, durch $(\overline{A})$ oder (α) symbolisiert.

Nun ist es aber möglich, daß mehrere Merkmale untersucht werden und daß bestimmte Elemente durch mehrere Merkmale gekennzeichnet sind. Wird durch A das Merkmal „männlich" und durch B das Merkmal „berufstätig" bezeichnet, so ist es durchaus möglich, daß ein Element sowohl männlich als auch berufstätig ist. Ihre Zahl sei durch (AB) dargestellt. Ganz allgemein ist die Anzahl der Elemente, auf welche die Merkmale A, B, C, D, ... zutreffen, gleich $(ABCD...)$. Die Merkmale A, B, C usw. heißen *positive Merkmale,* die Merkmale α, β, γ ... aber *negative Merkmale.* Die Gesamtzahl der untersuchten Elemente wird mit N bezeichnet.

10*

Alle Elemente mit dem gleichen Merkmal oder der gleichen Merkmalskombination bilden zusammen eine *Klasse*. *Konträre Klassen* entstehen dann, wenn in der einen Klasse bestimmte Merkmale zusammengefaßt sind und in der anderen Klasse die dazu entgegengesetzten (konträren) Merkmale auftreten. Dies trifft beispielsweise für die folgenden Klassen zu:

$$A\,B \qquad \text{konträre Klasse:} \qquad \alpha\,\beta$$

$$A\,\beta \qquad \text{konträre Klasse:} \qquad \alpha\,B$$

$$A\,\beta\,C \qquad \text{konträre Klasse:} \qquad \alpha\,B\,\gamma.$$

Eine Klasse, die durch r Merkmale gekennzeichnet ist, heißt eine *Klasse r-ter Ordnung*. Zwischen der Ordnung einer Klasse und der Anzahl Elemente in dieser Klasse besteht ein Zusammenhang. So besteht bei drei Merkmalen die folgende Beziehung:

Klasse 0. Ordnung	Häufigkeit: N	1
Klasse 1. Ordnung	Häufigkeit: $(A), (B), (C)$ $(\alpha), (\beta), (\gamma)$	6
Klasse 2. Ordnung	Häufigkeit: $(A\,B), (A\,C), (B\,C)$ $(A\,\beta), (A\,\gamma), (B\,\gamma)$ $(\alpha\,B), (\alpha\,C), (\beta\,C)$ $(\alpha\,\beta), (\alpha\,\gamma)\ (\beta\,\gamma)$	12
Klasse 3. Ordnung	Häufigkeit: $(A\,B\,C), (\alpha\,B\,C)$ $(A\,B\,\gamma), (\alpha\,B\,\gamma)$ $(A\,\beta\,C), (\alpha\,\beta\,C)$ $(A\,\beta\,\gamma), (\alpha\,\beta\,\gamma)$	8
Zusammen		27

Die Häufigkeit in der Klasse r-ter Ordnung ist ganz allgemein:

$$h_r = \frac{n\,(n-1)\ldots(n-r+1)}{r!}\,2^r. \tag{88}$$

Diese Formel stellt aber das allgemeine Glied im Binom $(1+2)^n = 3^n$ dar. Für n Merkmale ergeben sich also insgesamt 3^n Häufigkeiten. Im vorliegenden Falle war $n = 3$; dadurch berechnet sich die Gesamtzahl der Elemente zu 27.

Diese Unterteilung in Klassen hat bestimmte praktische Vorteile. So kann jede Klassenhäufigkeit durch die Häufigkeiten der Klassen höherer Ordnung ausgedrückt werden. So gelten beispielsweise die folgenden Beziehungen:

$$(A) = (A\,B) + (A\,\beta)$$

$$(A\,B) = (A\,B\,C) + (A\,B\,\gamma)$$

$$(A\,\beta) = (A\,\beta\,C) + (A\,\beta\,\gamma).$$

Setzt man diese Beziehungen ein, so ergibt sich:

$$(A) = (A\,B\,C) + (A\,B\,\gamma) + (A\,\beta) = (A\,B\,C) + (A\,B\,\gamma) + (A\,B\,C) + (A\,\beta\,\gamma).$$

Weiter ergibt sich offensichtlich:

$$N = (A) + (\alpha).$$

Ein einfaches Beispiel soll die praktische Verwendung dieser Beziehungen verdeutlichen. Gegeben seien zwei Merkmale A und B. Die Häufigkeiten der folgenden Merkmalskombinationen sind bekannt:

$$(A\,B) = 600 \qquad\qquad (A\,\beta) = 300$$
$$(\alpha\,B) = 700 \qquad\qquad (\alpha\,\beta) = 400$$

Auf Grund dieser Werte sind die Häufigkeiten der Merkmale A, α, B und β zu ermitteln. Es können nun folgende Beziehungen aufgestellt werden:

$$(A) = (A\,B) + (A\,\beta) = 600 + 300 = 900$$
$$(\alpha) = (\alpha\,B) + (\alpha\,\beta) = 700 + 400 = 1100$$
$$(B) = (A\,B) + (\alpha\,B) = 600 + 700 = 1300$$
$$(\beta) = (A\,\beta) + (\alpha\,\beta) = 300 + 400 = 700.$$

Die Gesamtzahl $N = 2000$. Diese Beziehungen lassen sich auch durch ein Venn-Diagramm darstellen:

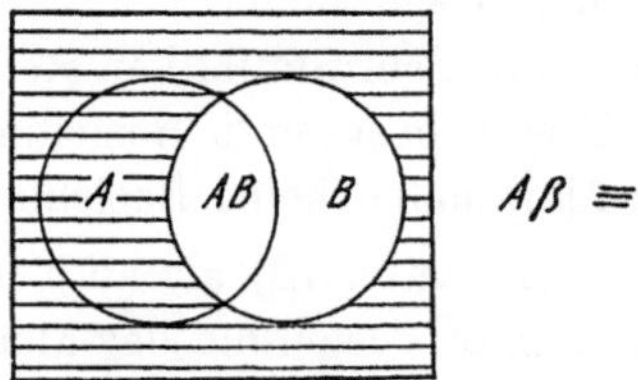

Von großer praktischer Bedeutung ist die Tatsache, daß diese Merkmalsbezeichnungen als Operatoren verwendet werden können. Um anzudeuten, daß das Kollektiv von N Elementen in Elemente mit dem Merkmal A aufgeteilt ist, kann man schreiben:

$$A \cdot N$$

was gleichbedeutend (A) ist. Ebenso ist

$$B \cdot N \equiv (B).$$

Weiter ist

$$\alpha = 1 - A.$$

Auf Grund dieser Tatsache läßt sich die Anzahl Elemente mit der Merkmalskombination aB algebraisch bestimmen; sie ist gleich:

$$
\begin{aligned}
(aB) = aB \cdot N &= (1 - A) B \cdot N = \\
&= (B - AB) \cdot N = \\
&= B \cdot N - AB \cdot N = \\
&= (B) - (AB) = 1300 - 600 = 700.
\end{aligned}
$$

Klassenhäufigkeiten, die in einem und demselben Universum beobachtet worden sind, bezeichnet man als *konsistent*. Daraus folgt, daß nichtkonsistente Klassenhäufigkeiten aus verschiedenen Gesamtheiten entnommen sind. Befinden sich unter den Klassenhäufigkeiten nichtkonsistente Häufigkeiten, so wirkt sich dies dahingehend aus, daß sich für mindestens eine Klasse negative Häufigkeiten ergeben. Ist beispielsweise:

$$
\begin{array}{lll}
N = 1000 & (a) = 1100 & (aB) = 700 \\
(A) = 900 & (\beta) = 700 & (a\beta) = 400 \\
(B) = 1300 & &
\end{array}
$$

so wird

$$
(A) = N - (aB) - (a\beta) = 1000 - 700 - 400 = -100.
$$

Dies bedeutet, daß die Häufigkeiten nichtkonsistent sind, d. h. sie entstammen aus verschiedenen Gesamtheiten.

Die nächste Frage, die sich dem Statistiker stellt, ist die, ob zwischen den Merkmalen A und B eine bestimmte Beziehung besteht oder keine. Besteht zwischen diesen Merkmalen keine Beziehung, so ist zu erwarten, daß der gleiche Anteil von (A) unter (B) als auch unter $(\overline{B})$ zu finden ist. Es ist also dann eine bestimmte Verteilung der Merkmalsträger zu erwarten. Merkmale, für die diese Verteilung zutrifft, bezeichnet man als unabhängige Merkmale. Bei Unabhängigkeit zwischen den Merkmalen A und B bestehen die folgenden Beziehungen:

$$
\frac{(AB)}{(B)} = \frac{(A\beta)}{(\beta)}
$$

$$
\frac{(aB)}{(B)} = \frac{(a\beta)}{(\beta)}
$$

$$
\frac{(AB)}{(A)} = \frac{(aB)}{(a)}
$$

$$
\frac{(A\beta)}{(A)} = \frac{(a\beta)}{(a)}.
$$

Bei nur zwei Merkmalen ergibt sich die folgende Vierfelder-Tafel (Dichotomie):

Merkmale	Merkmale		Zusammen
	B	β	
A α	(AB) (αB)	$(A\beta)$ $(\alpha\beta)$	(A) (α)
Zusammen	(B)	(β)	N

Bei unabhängigen Merkmalen kann man beispielsweise schreiben:

$$\frac{(AB)}{(B)} = \frac{(A)}{N}.$$

Daraus folgt:

$$(AB) = \frac{(A)\,(B)}{N}. \qquad (89\,\mathrm{a})$$

Weiter ergeben sich die folgenden Beziehungen:

$$(A\beta) = \frac{(A)\,(\beta)}{N} \qquad (89\,\mathrm{b})$$

$$(\alpha B) = \frac{(\alpha)\,(B)}{N} \qquad (89\,\mathrm{c})$$

$$(\alpha\beta) = \frac{(\alpha)\,(\beta)}{N}. \qquad (89\,\mathrm{d})$$

Sind die Merkmale A und B nicht unabhängig, d. h. sind sie miteinander verbunden, so wird sich beispielsweise die folgende Beziehung ergeben:

$$(AB) \neq \frac{(A)\,(B)}{N}.$$

Ist insbesondere

$$(AB) > \frac{(A)\,(B)}{N}$$

so sind die beiden Merkmale A und B in *positiver Weise assoziiert*. Ist aber

$$(AB) < \frac{(A)\,(B)}{N}$$

so spricht man von einer *negativen Assoziation*. Diese Assoziation kann man nun zahlenmäßig durch den *Assoziationskoeffizienten AK* kennzeichnen; die Formel lautet:

$$AK = \frac{(A\,B)\,(\alpha\,\beta) - (A\,\beta)\,(\alpha\,B)}{(A\,B)\,(\alpha\,\beta) + (A\,\beta)\,(\alpha\,B)}. \tag{90}$$

Diese Maßzahl schwankt zwischen -1 und $+1$. Der Assoziationskoeffizient ist gleich Null, wenn die Merkmale unabhängig sind, er ist gleich $+1$, wenn vollständige Assoziation und gleich -1, wenn vollständige Dissoziation besteht.

Ein Beispiel soll diese Maßzahl verdeutlichen. Die Zahl der Studierenden in Wirtschafts- und Sozialwissenschaften an Universitäten der deutsch- und französischsprechenden Schweiz im Wintersemester 1967/68 ist der folgenden Tabelle zu entnehmen[1].

Studierende nach Fachgruppen im Wintersemester 1967/68

Universitäten	Wirtschafts- und Sozialwissenschaften	Andere	Zusammen
Deutsche Schweiz	1858	13 751	15 609
Französische Schweiz	2795	9 405	12 200
Zusammen	4653	23 156	27 809

Aus dieser Tabelle berechnet sich der folgende Wert des Assoziationskoeffizienten:

$$AK = \frac{1858 \cdot 9405 - 13\,751 \cdot 2795}{1858 \cdot 9405 + 13\,751 \cdot 2705} = -\,0{,}35170.$$

Das gefundene Resultat ist negativ, woraus geschlossen werden kann, daß im vorliegenden Beispiel eine Dissoziation besteht, die allerdings auf Grund des absoluten Wertes des Assoziationskoeffizienten nicht sehr ausgeprägt ist. Die Merkmale der Universitäten deutscher und französischer Sprache einerseits und des Studiums der Wirtschafts- und Sozialwissenschaften andrerseits scheinen also in leichtem Ausmaße negativ verbunden zu sein, d. h. die Universitäten französischer Sprache scheinen eher von Studenten der Wirtschafts- und Sozialwissenschaften und die Universitäten deutscher Sprache eher von Studenten anderer Studienrichtungen besucht zu werden. Allerdings müßte man noch unterscheiden, ob der Wert des Assoziationskoeffizienten in bedeutsamer Weise von Null (Unabhängig-

---

[1] Statist. Jb. Schweiz, 1968; S. 459.

keit der Merkmale) abweicht. Diese Untersuchung ist aber nur mit Hilfe statistischer Tests möglich, auf welche in einem späteren Bande eingegangen werden soll.

Die Assoziation, wie sie bisher dargelegt wurde, setzt voraus, daß zwei Merkmale miteinander verglichen werden, ohne aber zu untersuchen, ob diese Merkmale nicht auch durch andere Merkmale beeinflußt werden. So kann man beispielsweise die beiden Merkmale des Rauchens und der Krebsanfälligkeit untersuchen, ohne sich die Frage zu stellen, ob die Krebsanfälligkeit bei Rauchern nicht auch vom Geschlecht der untersuchten Person abhängt. Wie teilt sich also, so stellt sich die Frage, die Gesamtheit der Elemente auf die einzelnen Merkmalsgruppen (z. B. Raucher — Nichtraucher, Erkrankung an Krebs — Nichterkrankung an Krebs) und Untergruppen (z. B. männlich — weiblich) auf? Bei solchen Problemen spricht man von *partieller Assoziation*. Diese stellt also die Assoziation zwischen den Merkmalen A (z. B. Raucher) und B (z. B. Krebsanfälligkeit) in der Teilgesamtheit C (z. B. männlich) fest. Entsprechend wie bei der totalen Assoziation spricht man von positiver partieller Assoziation, wenn

$$(A B C) > \frac{(A C)(B C)}{(C)}$$

und von negativer partieller Assoziation, wenn

$$(A B C) < \frac{(A C)(B C)}{(C)}.$$

Ist die Teilgesamtheit durch die Merkmalskombination $C D$ gegeben, so ergeben sich folgende Ungleichungen:

$$(A B C D) > \frac{(A C D)(B C D)}{(C D)} \quad \text{bzw.} \quad (A B C D) < \frac{(A C D)(B C D)}{(C D)}$$

und so weiter.

Wie bei der totalen Assoziation kann man auch hier das Ausmaß der Aufteilung durch den *partiellen Assoziationskoeffizienten* zahlenmäßig kennzeichnen. Ist die Teilgesamtheit durch das Merkmal C bestimmt, so ergibt sich die folgende Beziehung:

$$AK_{AB \cdot C} = \frac{(A B C)(\alpha \beta C) - (A \beta C)(\alpha B C)}{(A B C)(\alpha \beta C) + (A \beta C)(\alpha B C)}. \tag{91}$$

Für n Merkmale bestehen insgesamt

$$\frac{n(n-1)}{2}\, 3^{n-2}$$

Assoziationen, worunter

$$\frac{n(n-1)}{2}$$

totale Assoziationen sind. Für die drei Merkmale A, B und C ($n=3$) ergeben sich also insgesamt neun Assoziationen, worunter drei totale und sechs partielle Assoziationen sind, nämlich:

totale Assoziationen	partielle Assoziationen	
AB, AC, BC	$BC \cdot A$	$BC \cdot \alpha$
	$CA \cdot B$	$CA \cdot \beta$
	$AB \cdot C$	$AB \cdot \gamma$

Bei partiellen Assoziationen können sich scheinbare Assoziationen ergeben. Dies ist dann möglich, wenn beispielsweise die Aufteilung der Elemente zu den Merkmalsklassen A und B von einem dritten Merkmal, C, beeinflußt wird. In solchen Fällen sind die Merkmale A und B mit dem Merkmal C verbunden, woraus dann eine scheinbare Assoziation zwischen A und B entstehen kann.

Auch bei der partiellen Assoziation lassen sich die Häufigkeiten eines Merkmals bei Unabhängigkeit bestimmen. Entsprechend den Formeln (89) bestehen Formeln für die Unabhängigkeit zweier Merkmale innerhalb der Totalgesamtheit eines dritten Merkmals. So ergeben sich beispielsweise die Formeln für die Unabhängigkeit der Merkmale A und B in C mit

$$(AB;C) = \frac{(AC)(BC)}{(C)} \tag{92a}$$

und für die Unabhängigkeit der Merkmale A und C in B

$$(AC;B) = \frac{(AB)(BC)}{(B)} \tag{92b}$$

sowie für die Unabhängigkeit der Merkmale B und C in A

$$(BC;A) = \frac{(AB)(AC)}{(A)}. \tag{92c}$$

Die Verallgemeinerung des Begriffs der Assoziation bei Zweiteilung (Dichotomie) auf eine mehrfache Aufteilung führt uns zur *Kontingenz*. Bei dieser Verallgemeinerung geht die Vierfelder-Tafel über in eine Kon-

tingenz-Tafel, die aus s Spalten und z Zeilen besteht. Eine solche Kontingenz-Tafel ist nachfolgend dargestellt.

Merkmale	A_1	A_2	$\ldots$	A_i	$\ldots$	A_s	Zusammen
B_1	$(A_1 B_1)$	$(A_2 B_1)$	..	$(A_i B_1)$	..	$(A_s B_1)$	(B_1)
B_2	$(A_1 B_2)$	$(A_2 B_2)$	..	$(A_i B_2)$	..	$(A_s B_2)$	(B_2)
.							
.	$\ldots$	$\ldots$	..	$\ldots$	..	$\ldots$	$\ldots$
B_j	$A_1 B_j$	$(A_2 B_j)$	..	$(A_i B_j)$	..	$(A_s B_j)$	(B_j)
$\ldots$	$\ldots$	$\ldots$	..	$\ldots$	..	$\ldots$	$\ldots$
B_z	$A_1 B_z$	$(A_2 B_z)$	..	$(A_i B_z)$	..	$(A_s B_z)$	(B_z)
Zusammen	(A_1)	(A_2)	$\ldots$	(A_i)	..	(A_s)	N

Die folgende Kontingenztafel vermittelt ein praktisches Beispiel einer
solchen Tafel. Sie betrifft die Anzahl der Privathaushaltungen nach der
Zahl der Personen in Städten für das Jahr 1960[1].

Privathaushaltungen nach der Zahl der Personen in Städten 1960

Städte*	Haushaltungen mit ... Personen						Insgesamt
	1	2	3	4	5	6 u. m.	
Zürich	28 588	46 517	34 154	24 094	10 520	6 580	150 453
Basel.........	16 217	24 470	15 752	10 506	4 392	2 880	74 217
Genf	15 371	22 599	14 021	8 737	3 595	2 056	66 379
Bern	9 401	16 365	12 362	9 309	4 382	2 535	54 354
Lausanne.....	9 985	14 661	9 667	7 021	2 762	1 491	45 587
Wintherthur ..	3 265	7 117	5 769	4 529	2 490	1 749	24 919
St. Gallen	4 103	6 940	4 873	3 956	2 134	1 829	23 835
Luzern	3 085	6 139	4 762	3 624	1 911	1 363	20 884
Biel	2 715	6 109	4 404	3 284	1 598	1 038	19 148
Zusammen	92 730	150 917	105 764	75 060	33 784	21 521	479 776

* Gemeinden mit mehr als 50 000 Einwohnern (nach den Ergebnissen der
Volkszählung vom 1. Dezember 1960)

Sind die Merkmale unabhängig, so besteht (wie bei der Vierfelder-
Tafel) die Beziehung

$$(A_i B_j) = \frac{(A_i)(B_j)}{N} = (A_i B_j)_0 \tag{93}$$

$$(i = 1, 2, \ldots s \quad \text{und} \quad j = 1, 2, \ldots z).$$

Bei abhängigen Merkmalen jedoch ist

$$(A_i B_j) \neq (A_i B_j)_0.$$

---

[1] Statist. Jb. Schweiz, 1968; S. 27.

Die Differenz dieser beiden Werte ist

$$d_{ij} = (A_i^{\,r} B_j) - (A_i B_j)_0. \tag{94}$$

Es ist hier zu beachten, daß $d_{ij} \neq d_{ji}$ ist. Die Summe dieser Differenzen für die Spalte i der Kontingenz-Tafel ist gleich Null, denn es ist:

$$\sum_{j=1}^{z} d_{ij} = (A_i B_1) - \frac{(A_i)(B_1)}{N} + (A_i B_2) - \frac{(A_i)(B_2)}{N} + \ldots$$

$$\ldots + (A_i B_z) - \frac{(A_i)(B_z)}{N} =$$

$$= (A_i B_1) + (A_i B_2) + \ldots + (A_i B_z) -$$

$$- \frac{(A_i)}{N} [(B_1) + (B_2) + \ldots + (B_z)] =$$

$$= (A_i) - \frac{(A_i)}{N} N = 0.$$

Um die Abhängigkeit der Merkmale A_i und B_j zu kennzeichnen, läßt sich die Summe $\sum_{j=1}^{z} d_{ij}$ nicht verwerten, da sie stets gleich Null ist. Als Maßzahl für die Abhängigkeit kann man nun das *quadratische Kontingenzmaß* C^2 benützen, das durch die folgende Formel dargestellt wird:

$$C^2 = \sum_{i=1}^{s} \sum_{j=1}^{z} \frac{d_{ij}^{\,2}}{(A_i B_j)_0}. \tag{95}$$

Dividiert man diese Maßzahl durch N, so erhält man das *mittlere quadratische Kontingenzmaß* φ^2

$$\varphi^2 = \frac{C^2}{N}. \tag{96}$$

Als quadratische Ausdrücke sind diese beiden Maßzahlen stets positiv. Sie nehmen den Wert Null an, wenn alle $d_{ij} = 0$ sind, d. h. wenn die Merkmale unabhängig sind.

Eine weitere Maßzahl hat KARL PEARSON vorgeschlagen; es ist dies der *Koeffizient der mittleren quadratischen Kontingenz* C_P

$$C_P = \sqrt{\frac{C^2}{N + C^2}} = \sqrt{\frac{\varphi^2}{1 + \varphi^2}}. \tag{97}$$

Diese Maßzahl strebt mit wachsendem φ^2 gegen Eins. Allerdings ist diese Maßzahl von der Größe der Kontingenz-Tafel ($s \times z$) abhängig.

Je größer die Kontingenz-Tafel, desto mehr nähert sich diese Maßzahl der Zahl Eins. Dies geht aus der folgenden Ableitung hervor:

$$C^2 = \sum_{i=1}^{s} \sum_{j=1}^{z} \frac{d_{ij}^2}{(A_i B_j)_0} = \sum_{i=1}^{s} \sum_{j=1}^{z} \frac{[(A_i B_j) - (A_i B_j)_0]^2}{(A_i B_j)_0} =$$

$$= \sum_{i=1}^{s} \sum_{j=1}^{z} \frac{(A_i B_j)^2 - 2 (A_i B_j)(A_i B_j)_0 + (A_i B_j)_0^2}{(A_i B_j)_0} =$$

$$= \sum_{i=1}^{s} \sum_{j=1}^{z} \left[\frac{(A_i B_j)^2}{(A_i B_j)_0} - 2(A_i B_j) + (A_i B_j)_0 \right] =$$

$$= \sum_{i=1}^{s} \sum_{j=1}^{z} \frac{(A_i B_j)^2}{(A_i B_j)_0} - 2 \sum_{i=1}^{s} \sum_{j=1}^{z} (A_i B_j) + \sum_{i=1}^{s} \sum_{j=1}^{z} (A_i B_j)_0 =$$

$$= \sum_{i=1}^{s} \sum_{j=1}^{z} \frac{(A_i B_j)^2}{(A_i B_j)_0} - N.$$

Setzt man für

$$\sum_{i=1}^{s} \sum_{j=1}^{z} \frac{(A_i B_j)^2}{(A_i B_j)_0} = S$$

so ergibt sich

$$C^2 = S - N.$$

Setzt man diesen Wert in Formel (97) ein, so ergibt sich

$$C_p = \sqrt{\frac{S-N}{N+S-N}} = \sqrt{\frac{S-N}{S}}. \tag{97 a}$$

Nimmt man nun an, daß es sich bei der Kontingenz-Tafel um eine quadratische Tafel ($s \times s$) handelt, und nimmt man weiter an, daß die Assoziation zwischen A_i und B_j vollkommen ist, d. h. daß $(A_i B_j) = (A_i) = (B_j)$ für alle Werte von i ist, so konzentrieren sich die Häufigkeiten auf der Hauptdiagonalen der Kontingenz-Tafel, d. h. es ergibt sich die folgende Kontingenz-Tafel:

Merkmale	A_1	A_2	...	A_i	...	A_s	Zusammen
B_1	(A_1)	—	...	—	...	—	(A_1)
B_2	—	(A_2)	...	—	...	—	(A_2)
....	......	......	...	......	...	......	......
B_i	—	—	...	(A_i)	...	—	(A_i)
....	......	......	...	......	...	......	......
B_s	—	—	...	—	...	(A_s)	(A_s)
Zusammen	(A_1)	(A_2)	...	(A_i)	...	(A_s)	N

Es ist dann

$$S = \sum_{i=1}^{s} \frac{(A_i)^2}{(A_i)}.$$

Bei vollkommener Unabhängigkeit der Merkmale A und B ist offensichtlich

$$\frac{(A_1)}{(A_1)} = \frac{(A_1)}{N} \cdots \frac{(A_s)}{(A_s)} = \frac{(A_s)}{N}$$

d. h. also

$$(A_1) = N \ldots (A_s) = N.$$

Dann ist

$$S = \sum_{i=1}^{s} \frac{(A_i)^2}{(A_i)} = \sum_{i=1}^{s} N = s\,N.$$

Setzt man dieses Ergebnis in Formel (97 a) ein, so findet man:

$$C_P = \sqrt{\frac{S-N}{S}} = \sqrt{\frac{sN-N}{sN}} = \sqrt{\frac{s-1}{s}} \tag{97 b}$$

d. h. also, daß C_P von s abhängig ist. Die aus der Formel (97 b) errechneten Werte von C_P stellen Höchstwerte dar. Mit größer werdendem s, d. h. mit größer werdender Kontingenz-Tafel, nähert sich der Parameter C_P dem Werte Eins. Daraus folgt nun, daß die Parameter C_P, die für verschieden große Kontingenz-Tafeln bestimmt worden sind, nicht miteinander verglichen werden können.

Um diesen Nachteil zu beheben, hat TSCHUPROW folgende Maßzahl vorgeschlagen, die als *Koeffizient von Tschuprow* T^2 bekannt ist:

$$T^2 = \frac{\varphi^2}{\sqrt{(s-1)\,(z-1)}} \tag{98}$$

Für $s = z$ schwankt diese Maßzahl zwischen Null und Eins. Setzt man φ^2 aus der Beziehung (98) in die Beziehung (97) ein, so erhält man den Koeffizienten von TSCHUPROW in Abhängigkeit des Koeffizienten der mittleren quadratischen Kontingenz.

$$C_P{}^2 = \frac{\varphi^2}{1+\varphi^2} = \frac{\sqrt{(s-1)\,(z-1)}\ T^2}{1+\sqrt{s-1)\,(z-1)^2}\ T^2}$$

woraus sich die Beziehung

$$T^2 = \frac{C_P{}^2}{(1-C_P{}^2)\,\sqrt{(s-1)\,(z-1)}} \tag{98 a}$$

gewinnen läßt.

Für das auf S. 155 angeführte Beispiel einer Kontingenz-Tafel sollen diese Maßzahlen berechnet werden. Es haben sich die folgenden Werte ergeben:

mittleres quadratisches Kontingenzmaß . . . . $\varphi^2 = 0{,}012$

Koeffizient der mittleren quadratischen Kontingenz . $C_P = 0{,}109$

Koeffizient von Tschuprow . . . . $T^2 = 0{,}001$

Diese Maßzahlen liegen sehr nahe bei Null, weshalb daraus geschlossen werden kann, daß die Merkmalswerte weitgehend unabhängig sind, d. h. daß zwischen der Anzahl der Personen in Privathaushaltungen und den angeführten Städten praktisch kein Zusammenhang besteht.

3.6. Maßzahlen der Verbundenheit

Die im vorhergehenden Abschnitt erwähnten Maßzahlen der Kontingenz leiten über zu den Maßzahlen der Verbundenheit, die als Maßzahlen der *Korrelation* bezeichnet werden. Die Fragestellung bei den Maßzahlen der Aufteilung und jenen der Verbundenheit ist ähnlich, weshalb sehr oft beispielsweise die Kontingenzmaßzahlen auch als Maßzahlen der Verbundenheit betrachtet werden. Die Maßzahlen der Aufteilung geben an, in welcher Weise eine Gesamtheit auf einzelne Merkmalskombinationen aufgeteilt ist. Bei der Verbundenheit versucht man eine Beziehung zwischen den betrachteten Merkmalen aufzudecken.

Versuche, das Ausmaß der Verbundenheit zwischen Merkmalen zahlenmäßig festzulegen, gehen bis auf das Ende des 19. Jahrhunderts zurück. So kann man sie bis auf Francis Galton (1822—1911) und Karl Pearson (1857—1936) zurückverfolgen. Allerdings ist die Theorie der Korrelation erst in neuerer Zeit von G. Udny Yule entwickelt worden. Sie hatte zwar schon früher — dank Karl Pearson und Auguste Bravais (1811—1863) — einen gewissen Stand erreicht.

Die Korrelation dient also dazu, die Verbundenheit zwischen zwei oder mehr Merkmalen festzustellen. Nachfolgend soll zuerst die Verbundenheit zwischen nur zwei Merkmalen betrachtet werden. Dabei wollen wir uns auf das folgende Beispiel abstützen, das die Preisindizes von Eiern und Fleischwaren von 1951 bis 1965 betrifft (Basiszeitpunkt August 1939 = 100). Unter Preisindizes versteht man Verhältniszahlen, bei welchen — in unserem Falle — ein bestimmter Preis in einem bestimmten Zeitpunkt auf den Preis der gleichen Ware im Basiszeitpunkt bezogen und in Prozenten ausgedrückt wird. Sind die Preisindizes größer als 100, so bedeutet dies, daß die Preise im Beobachtungszeitpunkt höher waren als im Basiszeitpunkt; weisen die Preisindizes aber Werte auf, die kleiner sind als 100, so kann daraus gefolgert werden, daß die Preise im Beobachtungszeitpunkt tiefer lagen als im Basiszeitpunkt. Die folgende Zusammenstellung vermittelt nun die entsprechenden Zahlenangaben.

Index der Nahrungsmittelpreise seit 1951[1] (August 1939 = 100), Jahresmittel

Jahre	Eier x_i	Fleischwaren y_i	Jahre	Eier x_i	Fleischwaren y_i
1951	206,3	201,6	1959	189,9	216,2
1952	214,9	203,8	1960	192,2	214,5
1953	213,2	197,1	1961	195,7	216,0
1954	203,3	202,4	1962	184,9	226,1
1955	205,5	208,8	1963	195,0	234,2
1956	209,5	209,8	1964	179,8	246,0
1957	204,4	213,3	1965	193,8	253,5
1958	200,7	213,7			

[1] Statist. Jb. Schweiz, 1968; S. 353.

Es ist nun denkbar, daß zwischen diesen beiden Merkmalen eine Beziehung besteht. Wie läßt sich nun untersuchen, ob tatsächlich eine solche Beziehung vermutet werden kann? Zu diesem Zwecke wird man zuerst diese jeweils auf das gleiche Jahr bezogenen Merkmalswerte als Punkte in ein Koordinatensystem eintragen, auf dessen Achsen einerseits die Preisindizes für Eier (x-Achse) und andrerseits die Preisindizes für Fleischwaren (y-Achse) aufgetragen sind. Diese Darstellung findet sich in Abb. 20. Es ist daraus ersichtlich, daß eine Zunahme des Eier-Preisindexes einhergeht mit einer Abnahme des Fleisch-Preisindexes. Doch diese Beziehung zeigt nun nicht etwa einen strengen (funktionalen) Zusammenhang, wie er bei einem funktionalen Zusammenhang gegeben ist, sonder einen etwas loseren Zusammenhang. Dieser äußert sich darin, daß die in Abb. 20 eingetragenen Punkte nicht alle auf einer bestimmten Kurve liegen. Der Grund liegt darin, daß dieser Zusammenhang von zufälligen Einflüssen verwischt wird. Man spricht deshalb auch von einer stochastischen Verbundenheit.

Aus der Tatsache, daß eine Erhöhung des Eier-Preisindexes mit einer Abnahme des Fleisch-Preisindexes einhergeht, kann nun nicht geschlossen werden, daß die Zunahme der Eierpreise eine Abnahme der Fleischpreise ursächlich bewirkt. Andrerseits kann man auch nicht sagen, daß eine Zunahme der Fleischpreise eine Abnahme der Eierpreise ursächlich bewirkt. Um einen solchen Schluß zu rechtfertigen, der auf Grund des Zahlenmaterials grundsätzlich möglich wäre, müßte man noch abklären, ob ein solcher ursächlicher Zusammenhang auch logisch und ökonomisch begründet ist. Das Ergebnis der statistischen Untersuchung kann nur als ein Hinweis bewertet werden.

Man ist nun bestrebt, die auf Grund des statistischen Zahlenmaterials festgestellte stochastische Verbundenheit auch zahlenmäßig zu beschreiben. Für die Information, die uns Abb. 20 vermittelt, möchte man einen zahlenmäßigen Ausdruck finden, der diese Information in einigen wenigen Parametern festhält. Man wird deshalb den stochastischen Zusammenhang zwischen den beiden betrachteten Merkmalen durch eine mathematische

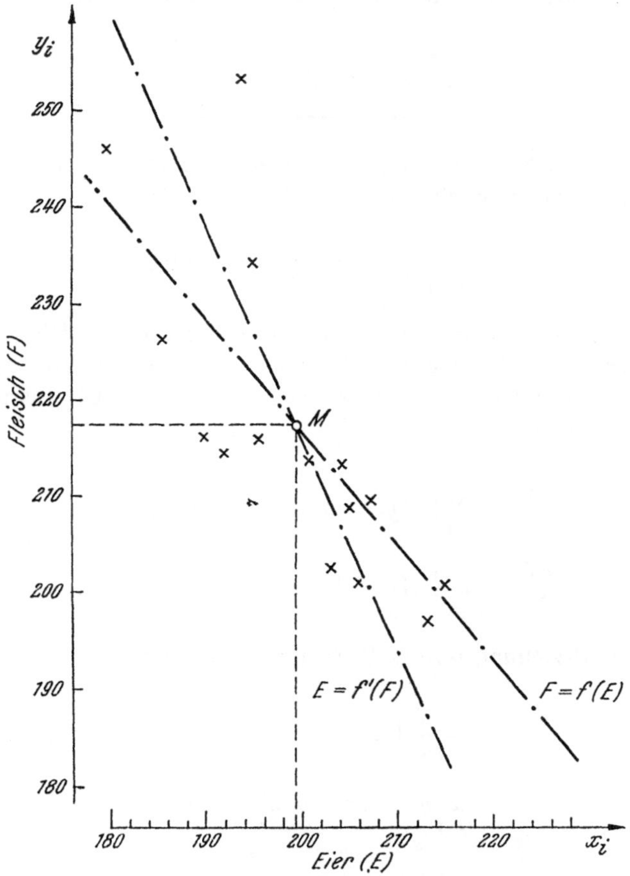

Abb. 20. Index der Nahrungsmittelpreise
August 1939 = 100

Funktion, z. B. durch eine lineare Beziehung, kennzeichnen. Es sei hier also die folgende lineare Funktion zugrunde gelegt:

$$F = a + b\,E$$

worin F die Fleisch-Preisindizes, E die Eier-Preisindizes und a und b Parameter darstellen, die zu bestimmen sind. Es gilt dabei, diese Parameter derart zu bestimmen, daß sie die stochastische Verbundenheit zwischen den beiden betrachteten Merkmalen möglichst gut wiedergeben. Als ein Kriterium der Güte dieser Wiedergabe wird nun oft das Postulat aufgestellt, daß die Summe der Quadrate der Abweichungen der empirisch gegebenen Punkte von den entsprechenden Funktionswerten möglichst klein werden soll. Es ist dies das Postulat der *Methode der kleinsten Abweichungsquadrate,* die formelmäßig folgendermaßen dargestellt werden kann:

$$\sum_{i=1}^{n} [y_i - f(x_i)]^2 = \min. \tag{99}$$

Wird eine lineare Funktion zugrunde gelegt, wie im vorliegenden Falle, so kann diese Beziehung wie folgt präzisiert werden:

$$G = \sum_{i=1}^{n} [y_i - (a + b\,x_i)]^2 = \min.$$

Daraus sind nun die Parameter a und b zu bestimmen. Diese ergeben sich in bekannter Weise dadurch, daß man die ersten Ableitungen dieser Funktion nach a und b bestimmt und gleich Null setzt. Die Rechnung ist nachfolgend aufgezeigt:

$$\frac{dG}{da} = \sum_{i=1}^{n} \{2\,[y_i - (a + b\,x_i)]\,(-1)\} = 0$$

$$\frac{dG}{db} = \sum_{i=1}^{n} \{2\,[y_i - (a + b\,x_i)]\,(-x_i)\} = 0.$$

Für die erste Beziehung ist der Rechengang wie folgt:

$$-2\sum_{i=1}^{n} [y_i - (a + b\,x_i)] = 0$$

$$\sum_{i=1}^{n} y_i - n\,a - b\sum_{i=1}^{n} x_i = 0$$

$$n\,a + b\sum_{i=1}^{n} x_i = \sum_{i=1}^{n} y_i.$$

Für die zweite Beziehung ergibt sich in gleicher Weise die folgende Gleichung:

$$-2\sum_{i=1}^{n} \{x_i\,[y_i - (a + b\,x_i)]\} = 0$$

$$\sum_{i=1}^{n} x_i\,y_i - a\sum_{i=1}^{n} x_i - b\sum_{i=1}^{n} x_i^2 = 0$$

$$a\sum_{i=1}^{n} x_i + b\sum_{i=1}^{n} x_i^2 = \sum_{i=1}^{n} x_i\,y_i.$$

Zusammengefaßt ergibt sich also das folgende Gleichungssystem:

$$n\,a + b \sum_{i=1}^{n} x_i = \sum_{i=1}^{n} y_i$$

$$a \sum_{i=1}^{n} x_i + b \sum_{i=1}^{n} x_i^2 = \sum_{i=1}^{n} x_i\,y_i. \qquad (100)$$

Aus diesen beiden Beziehungen, die auch Normalgleichungen genannt werden, können die Parameter a und b bestimmt werden.

Hätte man nun statt einer linearen Funktion eine solche zweiten Grades, wie etwa

$$y = a + b\,x + c\,x^2$$

eingeführt, so hätten sich die folgenden Normalgleichungen ergeben:

$$n\,a + b \sum_{i=1}^{n} x_i + c \sum_{i=1}^{n} x_i^2 = \sum_{i=1}^{n} y_i$$

$$a \sum_{i=1}^{n} x_i + b \sum_{i=1}^{n} x_i^2 + c \sum_{i=1}^{n} x_i^3 = \sum_{i=1}^{n} x_i\,y_i \qquad (100\,\mathrm{a})$$

$$a \sum_{i=1}^{n} x_i^2 + b \sum_{i=1}^{n} x_i^3 + c \sum_{i=1}^{n} x_i^4 = \sum_{i=1}^{n} x_i^2\,y_i.$$

Die Normalgleichungen für Funktionen dritten, vierten Grades usw. lassen sich auf Grund der dargelegten Normalgleichungen leicht ableiten.

Das allgemeine System der Normalgleichungen kann in Matrizenform etwas übersichtlicher dargestellt werden, nämlich:

$$S\,P = Y \qquad (100\,\mathrm{b})$$

wo

$$S = \begin{vmatrix} n & \sum\limits_{i=1}^{n} x_i & \sum\limits_{i=1}^{n} x_i^2 & \ldots & \sum\limits_{i=1}^{n} x_i^{n} \\[2mm] \sum\limits_{i=1}^{n} x_i & \sum\limits_{i=1}^{n} x_i^2 & \sum\limits_{i=1}^{n} x_i^3 & \ldots & \sum\limits_{i=1}^{n} x_i^{n+1} \\[2mm] \cdots & \cdots & \cdots & \cdots & \cdots \\[2mm] \sum\limits_{i=1}^{n} x_i^{n} & \sum\limits_{i=1}^{n} x_i^{n+1} & \sum\limits_{i=1}^{n} x_i^{n+2} & \ldots & \sum\limits_{i=1}^{n} x_i^{2n} \end{vmatrix}$$

$$P = \begin{vmatrix} a \\ b \\ \cdot \\ \cdot \\ \cdot \\ s \end{vmatrix} \qquad Y = \begin{vmatrix} \sum\limits_{i=1}^{n} y_i \\[2mm] \sum\limits_{i=1}^{n} x_i\,y_i \\[2mm] \cdot \\ \cdot \\ \cdot \\ \sum\limits_{i=1}^{n} x_i^{n}\,y_i \end{vmatrix}$$

11*

S ist eine Martix der Größe $(n \times n)$, P ist der Parameter-Vektor der Größe $(n \times 1)$ und Y ist der Vektor der Größe $(n \times 1)$.

Für das angeführte Beispiel der Verbundenheit zwischen Eier-Preisindizes (x_i) und Fleisch-Preisindizes (y_i) lassen sich die Parameter der linearen Funktion auf Grund der Normalgleichungen (100) ermitteln. Es sind lediglich die Produkte $x_i y_j$, die Quadrate x_i^2 und die Summen aller x_i-, y_i-, $x_i y_i$- und x_i^2-Werte zu bilden und in die Normalgleichungen einzusetzen. Hernach können diese beiden Normalgleichungen nach a und b aufgelöst werden. Der Rechengang ist in der folgenden Tabelle dargelegt.

Bestimmung der Parameter a und b nach der Methode der kleinsten Abweichungsquadrate

Jahre	Preisindizes		x_i^2	$x_i y_i$
	x_i	y_i		
1951	206,3	201,6	42 559,69	41 590,08
1952	214,9	203,8	46 182,01	43 796,62
1953	213,2	197,1	45 454,24	42 821,72
1954	203,3	202,4	41 330,89	41 147,92
1955	205,5	208,8	42 230,25	42 908,40
1956	209,5	209,8	43 890,25	43 953,10
1957	204,4	213,3	41 779,36	43 598,52
1958	200,7	213,7	40 280,49	42 889,59
1959	189,9	216,2	36 062,01	41 056,38
1960	192,2	214,5	36 940,84	41 226,90
1961	195,7	216,0	38 298,49	42 271,20
1962	184,9	226,1	34 188,01	41 805,89
1963	195,0	234,2	38 025,00	45 669,00
1964	179,8	246,0	32 328,04	44 230,80
1965	193,8	253,5	37 558,44	49 128,30
Zusammen	2989,1	3257,0	597 108,01	647 294,42

Die Normalgleichungen nehmen nun die folgende Form an:

$$\text{I} \qquad 15\ a + 2\,989,1\ b = 3\,257,0$$
$$\text{II} \quad 2\,989,1\,a + 597\,108,01\,b = 647\,294,42.$$

Daraus lassen sich die Parameter a und b bestimmen; ihre Werte sind:

$$a = 454,26 \quad \text{und} \quad b = -1,19.$$

Die Gerade, die die Punkteschar in Abb. 20 kennzeichnet, lautet also:

$$F = 454,26 - 1,19\,E. \tag{101}$$

In dieser Beziehung ist E die unabhängige und F die abhängige Variable. Es besteht also die Beziehung

$$F = f(E).$$

Nun ist aber auch denkbar, daß F die unabhängige und E die abhängige Variable ist. In diesem Falle wird angenommen, daß der Fleisch-Preisindex nicht durch den Eier-Preisindex, sondern umgekehrt der Eier-Preisindex durch den Fleisch-Preisindex beeinflußt wird. Die entsprechende Funktion

$$E = f'(F)$$

ergibt sich, wenn man in der Berechnungstabelle nach der Methode der kleinsten Abweichungsquadrate die x-Werte mit den y-Werten vertauscht. Die Rechnung führt zur folgenden linearen Beziehung:

$$E = 299{,}15 - 0{,}46\,F. \tag{101 a}$$

Dies beiden Geraden sind in Abb. 20 eingezeichnet. Sie weisen verschiedene Steigungskoeffizienten auf und schneiden sich im Punkte M. Während der Steigungskoeffizient der Beziehung $F = f(E)$ gleich $-1{,}19$ ist (Formel 101) ergibt sich durch Umformung der Beziehung (101 a) der Steigungskoeffizient $-2{,}17$, der gleich dem reziproken Wert des Steigungskoeffizienten $-0{,}46$ in Beziehung (101 a) ist. Der Schnittpunkt M dieser beiden Geraden kennzeichnet das arithmetische Mittel der beiden Merkmalswerte-Reihen (Preisindizes für Fleisch und Preisindizes für Eier). Diese sind gleich 199,3 für den Preisindex der Eier und 217,1 für jenen des Fleisches.

Diese beiden in Abb. 20 eingezeichneten Geraden bezeichnet man als *Regressionsgeraden*. Ihre gegenseitige Lage im Koordinatennetz gibt uns Auskunft darüber, ob die stochastische Verbundenheit zwischen den beiden betrachteten Merkmalswerte-Reihen eng oder nur lose ist. Je größer der Unterschied zwischen den Steigungskoeffizienten, desto loser wird der Zusammenhang der Merkmalswerte-Reihen sein. Dies äußert sich graphisch im spitzen Winkel, den die beiden Regressionsgeraden im Schnittpunkt M bilden; je größer dieser sein wird, desto loser wird die stochastische Verbundenheit sein.

Bei der Auswertung des Normalgleichungssystems (100) findet man für den Parameter b die Beziehung

$$b = \frac{n \sum_{i=1}^{n} x_i y_i - \sum_{i=1}^{n} x_i \sum_{i=1}^{n} y_i}{n \sum_{i=1}^{n} x_i^2 - (\sum_{i=1}^{n} x_i)^2}. \tag{102}$$

Diese kann nun auch folgendermaßen geschrieben werden:

$$b = \frac{\sum\limits_{i=1}^{n} x_i y_i - (\sum\limits_{i=1}^{n} x_i)(\sum\limits_{i=1}^{n} y_i)/n}{\sum\limits_{i=1}^{n} x_i^2 - (\sum\limits_{i=1}^{n} x_i)^2/n}. \qquad (102\,a)$$

Der Zähler dieser Formel entspricht dem Ausdruck

$$\sum\limits_{i=1}^{n} (x_i - \bar{x})(y_i - \bar{y})$$

wie leicht durch die Entwicklung dieser Beziehung nachgewiesen werden kann. Der Nenner in der Formel (102 a) ist gleich

$$\sum\limits_{i=1}^{n} (x_i - \bar{x})^2$$

was ebenfalls durch Entwicklung dieses Ausdruckes leicht eingesehen werden kann. Somit kann man also den Parameter b durch die folgende Beziehung ausdrücken:

$$b = \frac{\sum\limits_{i=1}^{n} (x_i - \bar{x})(y_i - \bar{y})}{\sum\limits_{i=1}^{n} (x_i - \bar{x})^2}. \qquad (102\,b)$$

Der Erwartungswert des Produkts

$$(x_i - \bar{x})(y_i - \bar{y})$$

wird in der Statistik als *Kovarianz (cov)* bezeichnet. Es ist also

$$\mathrm{cov}\,(x, y) = E\,[(x_i - \bar{x})(y_i - \bar{y})]. \qquad (103)$$

Auf Grund von Formel (102 a) ist aber auch

$$\mathrm{cov}\,(x, y) = E\,(x - \bar{x})(y - \bar{y}) = E\,(x\,y) - E\,(x)\,E\,(y)$$

(wenn für x_i bzw. y_i der Einfachheit halber x bzw. y gesetzt werden). Sind aber x und y unabhängig, so ist

$$E\,(x\,y) = E\,(x)\,E\,(y).$$

Daraus folgt, daß bei unabhängigen Merkmalen x und y

$$\operatorname{cov}(x, y) = 0.$$

Umgekehrt kann man aber nicht unbedingt schließen, daß bei $\operatorname{cov}(x, y) = 0$ die Merkmale x und y unabhängig seien.

In entsprechender Weise läßt sich der Parameter a aus der ersten Gleichung im System der Normalgleichungen bestimmen; er ist gleich:

$$a = \frac{\sum_{i=1}^{n} y_i - b \sum_{i=1}^{n} x_i}{n} = \bar{y} - b\,\bar{x}. \tag{104}$$

Eine oft verwendete Maßzahl zur Beurteilung der stochastischen Verbundenheit ist der *Korrelationskoeffizient* r. Der Korrelationskoeffizient zwischen zwei Merkmalen x und y ist durch die folgende Beziehung definiert:

$$r(x, y) = \frac{\operatorname{cov}(x, y)}{\sigma_x \sigma_y}. \tag{105}$$

Daraus folgt die Rechenformel:

$$r(x, y) = \frac{\sum_{i=1}^{n} (x_i - \bar{x})(y_i - \bar{y})}{\sqrt{\sum_{i=1}^{n} (x_i - \bar{x})^2 \sum_{i=1}^{n} (y_i - \bar{y})^2}}. \tag{106}$$

Vergleicht man diese Beziehung mit der Formel (102 b), so ergibt sich

$$r(x, y) = b\,\frac{\sigma_x}{\sigma_y}. \tag{106 a}$$

Die Formel für den Korrelationskoeffizienten kann auch folgendermaßen geschrieben werden:

$$r(x, y) = \frac{n \sum_{i=1}^{n} x_i y_i - \sum_{i=1}^{n} x_i \sum_{i=1}^{n} y_i}{\sqrt{[n \sum_{i=1}^{n} x_i^2 - (\sum_{i=1}^{n} x_i)^2][n \sum_{i=1}^{n} y_i^2 - (\sum_{i=1}^{n} y_i)^2]}}. \tag{106 b}$$

Diese ist für die zahlenmäßige Auswertung geeigneter.

Der Korrelationskoeffizient r schwankt zwischen -1 und $+1$. Ist diese Maßzahl positiv, so besagt dies, daß sich die Merkmale x und y gleichsinnig verändern, d. h. bei einer zunehmenden Tendenz von x nimmt auch y tendenziell zu und umgekehrt. Ist aber r negativ, so bedeutet dies, daß sich die Merkmale x und y gegensinnig verändern, d. h. bei einer tendenziellen Zunahme von x nimmt y tendenziell ab und umgekehrt. Ist aber $r = 0$, so ist keine eindeutige Abhängigkeit (in positivem oder negativem Sinne) zwischen x und y festzustellen. Ist $|r| = 1$, so liegen alle Merkmalswerte auf den Regressionsgeraden, die sich in diesem Falle dekken. Gleichsinnige oder gegensinnige Veränderungen der beiden betrachteten Merkmale ergeben stets eine positive bzw. negative Korrelationsmaßzahl; umgekehrt aber ist der Schluß nicht immer richtig, daß eine hohe positive (bzw. negative) Zahl des Korrelationskoeffizienten auf eine positive (bzw. negative) Beeinflussung des einen Merkmals durch das andere hinweist. Es können sich hohe positive (bzw. negative) Werte des Korrelationskoeffizienten ergeben, ohne daß die betrachteten Merkmale auch eine Abhängigkeit aufzuweisen hätten. Man spricht hier von Phantom-Korrelation (spurious correlation). Diese Erscheinung hängt damit zusammen, daß in der Regel nur ein kleiner Ausschnitt aller Merkmalswerte betrachtet wird (Stichprobe), und daß sich für diesen Ausschnitt zufällig eine hohe positive (bzw. negative) Korrelation rechnerisch ergeben hat.

Für das angeführte Beispiel der stochastischen Verbundenheit zwischen dem Preisindex für Eier und jenem für Fleisch soll nun auch der Korrelationskoeffizient berechnet werden. Der Rechenvorgang soll in verallgemeinerter Form zuerst als Rechentabelle und hierauf als logisches Ablaufdiagramm der einzelnen Rechenschritte angegeben werden.

Rechentabelle für Korrelationskoeffizienten

i	x_i	y_i	$x_i y_i$	x_i^2	y_i^2
1	x_1	y_1	$x_1 y_1$	x_1^2	y_1^2
.	.	.	.	.	.
.	.	.	.	.	.
n	x_n	y_n	$x_n y_n$	x_n^2	y_n^2
Zusammen	S_1	S_2	S_3	Q_1	Q_2

$$r\,(x, y) = \frac{n S_3 - S_1 S_2}{\sqrt{(n Q_1 - S_1^2)(n Q_2 - S_2^2)}}.$$

Die Darstellung des Rechenganges als Ablaufdiagramm der einzelnen Operationen ist in Abb. 21 wiedergegeben. Für das Verständnis dieser Darstellung sind einige erklärende Bemerkungen angebracht[1]. Die Ovale

---

[1] Eine eingehendere Erklärung dieser Darstellungsart findet sich in: BILLETER, ERNST P.: Der praktische Einsatz von Datenverarbeitungssystemen, 3. Aufl. (Wien—New York: Springer 1968).

zeigen Beginn und Ende des Rechenganges an. Die Operationen werden allgemein in Rechtecken angegeben. Logische Entscheidungen werden durch Rauten symbolisch hervorgehoben. Als erste Operation werden alle Speicherstellen S_1, S_2, S_3, Q_1 und Q_2 gleich Null gesetzt. Wir sprechen hier von Speicherstellen, da solche ablaufmäßige Darstellungen in der Regel

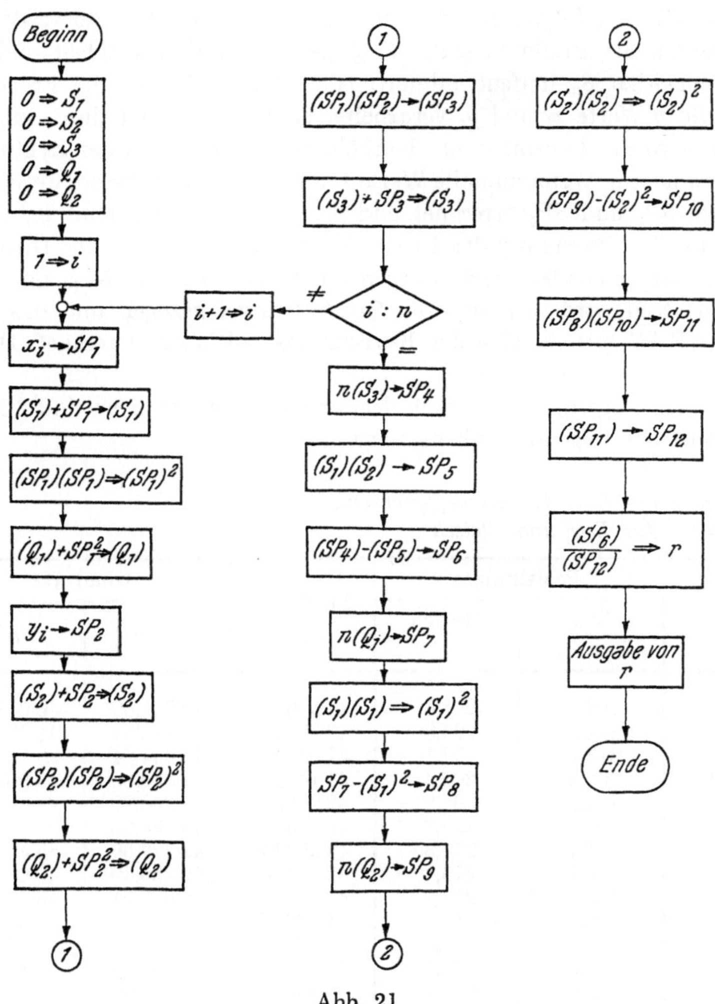

Abb. 21

im Hinblick auf eine zahlenmäßige Verarbeitung auf elektronischen Datenverarbeitungsgeräten erstellt werden. Diese Nullsetzung bezweckt, sicher zu sein, daß auf diesen Stellen nur die Aufsummierung der gewünschten Werte erfolgt. Da nun mehrere Werte von x_i und y_i zu verarbeiten sind, wird ein Laufindex i eingeführt, der zuerst gleich Eins gesetzt wird (diese Operation lautet: „Eins ergibt i"). Hernach werden die Werte x_i (zuerst also x_1) auf die Speicherstelle SP_1 eingegeben. Dieser Wert wird nun zum vorhergehenden Wert auf dem Summenspeicher hinzuaddiert (die runden Klammern um S_1 bedeuten „Inhalt von S_1"). Hierauf werden die Quadrate der x_i gebildet und zum Wert auf dem Summenspeicher Q_1 addiert. Nun wird der Wert y_i auf Speicherstelle SP_2 eingegeben. Hierauf folgen die gleichen Operationen wie für die x_i-Werte. Nun werden die Produkte $(SP_1)\,(SP_2)$ gebildet, auf SP_3 gelegt und auf Summenspeicher S_3 laufend addiert. Hier stellt sich nun die Frage, ob schon alle n Werte x_i und y_i verarbeitet sind (Raute). Ist dies nicht der Fall, so wird der Laufindex um 1 erhöht ($i + 1 \Rightarrow i$), und der Zyklus beginnt von neuem. Wenn nun alle Werte x_i und y_i verarbeitet sind, werden die Produkte SP_4 und SP_5 errechnet und ihre Differenz bestimmt (SP_6). Es folgt nun die Berechnung der Produkte SP_7 und S_1^2 sowie der Differenz SP_8. In entsprechender Weise werden die Werte SP_9, S_2^2, SP_{10} und SP_{11} ermittelt. Nun wird aus SP_{11} die Quadratwurzel gezogen und das Verhältnis SP_6/SP_{12}, d. h. also der Korrelationskoeffizient berechnet. Dieser wird schließlich ausgegeben.

Für das angeführte Beispiel der Preisindizes für Eier und Fleisch ergibt sich das folgende Rechenschema.

Berechnung des Korrelationskoeffizienten.
Preisindizes für Eier und Fleisch

| Jahre | Preisindizes | | Produkte | Quadrate | |
i	Eier x_i	Fleisch y_i	$x_i y_i$	x_i^2	y_i^2
1951	206,3	201,6	41 590,08	42 559,69	40 642,56
1952	214,9	203,8	43 796,62	46 182,01	41 534,44
1953	213,2	197,1	42 021,72	45 454,24	38 848,41
1954	203,3	202,4	41 147,92	41 330,89	40 965,76
1955	205,5	208,8	42 908,40	42 230,25	43 597,44
1956	209,5	209,8	43 953,10	43 890,25	44 016,04
1957	204,4	213,3	43 598,52	41 779,36	45 496,89
1958	200,7	213,7	42 889,59	40 280,49	45 667,69
1959	189,9	216,2	41 056,38	36 062,01	46 742,44
1960	192,2	214,5	41 226,90	36 940,84	46 010,25
1961	195,7	216,0	42 271,20	38 298,49	46 656,00
1962	184,9	226,1	41 805,89	34 188,01	51 121,21
1963	195,0	234,2	45 669,00	38 025,00	54 849,64
1964	179,8	246,0	44 230,80	32 328,04	60 516,00
1965	193,8	253,5	49 128,30	37 558,44	64 262,25
Insgesamt	2989,1	3257,0	647 294,42	597 108,01	710 927,02

$$r\,(x, y) = \frac{15 \cdot 647\,294{,}42 - 2989{,}1 \cdot 3257{,}0}{\sqrt{(15 \cdot 597\,108{,}01 - 2989{,}1^2)\,(15 \cdot 710\,927{,}02 - 3257{,}0^2)}} = -\,0{,}745.$$

Dieser Wert besagt, daß eine negative Korrelation festzustellen ist, d. h. daß die beiden Merkmale gegensinnig miteinander stochastisch verbunden sind.

Kann diese Korrelation aber als ausgeprägt gewertet werden? Um diese Frage zu beantworten, muß man die zufälligen Fluktuationen, d. h. die Streuung dieses Korrelationskoeffizienten kennen. Ist anzunehmen, daß die untersuchten Merkmalswerte einer normal verteilten Grundgesamtheit entstammen, so ist die *Standardabweichung des Korrelationskoeffizienten* durch die folgende Beziehung gegeben:

$$\sigma_r = \frac{1 - r^2}{\sqrt{n}}. \tag{107}$$

Für das angeführte Beispiel stellt sich diese Maßzahl auf

$$\sigma_r = \frac{1 - (-0{,}745)^2}{\sqrt{15}} = 0{,}115.$$

Die zufälligen Fluktuationen dieses Korrelationskoeffizienten dürften in rund zwei Dritteln aller Merkmalswerte-Reihen bestehend aus 15 Werten, die der gleichen Grundgesamtheit entnommen sind, in den Grenzen

$$-0{,}745 \pm 0{,}115$$

d. h. also zwischen $-0{,}630$ und $-0{,}860$ liegen. Sogar bei dreifacher Standardabweichung beziffern sich die Grenzen des Schwankungsbereichs auf noch $-0{,}400$ und $-1{,}000$; die obere Grenze ($-0{,}400$) liegt also noch wesentlich unter dem Indifferenzwert Null. Man kann daraus schließen, daß die Korrelation im angeführten Beispiel ziemlich ausgeprägt ist.

In diesem Zusammenhange sei noch erwähnt, daß bei Merkmalswerten, die in Klassen zusammengefaßt sind, die Berechnung des Korrelationskoeffizienten dies berücksichtigen muß. Dies geschieht dadurch, daß man die entsprechenden Streuungen mit der Korrektur von SHEPPARD versieht[1].

Die der Korrelation zugrunde liegenden Regressionskurven können nun nicht immer als linear angenommen werden. In manchen Fällen wird es notwendig, die Regression durch Kurven höheren Grades auszudrücken. Die Bestimmung der Kurvenparameter geschieht dann wiederum nach der Methode der kleinsten Abweichungsquadrate, für welche das allgemeine System der Normalgleichungen (Formel 100b) angegeben worden ist. Damit ist es möglich, auch Regressionen höheren Grades zu bestimmen. In solchen Fällen spricht man von *nicht-linearer Regression*. Darunter fallen auch Regressionsfunktionen, die z. B. logarithmisch, exponentiell usw. sind.

---

[1] Vgl. die Ausführungen über die Streuung auf S. 122.

Weiter ist es oft notwendig, mehr als zwei Merkmale gleichzeitig zu betrachten und auch das Ausmaß der Verbundenheit nur einer Auswahl dieser Merkmale zu bestimmen. Dies führt uns zur mehrfachen Regression und zum Mehrfach-Korrelationskoeffizienten sowie zur partiellen Korrelation.

Es ist hier zweckmäßig, die Gesamtsumme der Abweichungsquadrate für die Merkmalswerte in zwei Komponenten aufzuteilen, nämlich in die durch die Regression verursachte Summe der Abweichungsquadrate und in die sich aus zufälligen Einflüssen ergebenden Summen der Abweichungsquadrate. Da diese Summen der Abweichungsquadrate bekanntlich die Grundlage für die Berechnung der Streuung bilden, spricht man hier von der *Streuungszerlegung* oder *Varianzanalyse* (analysis of variance).

Den empirisch gegebenen Merkmalswerten y_i entsprechen Regressionswerte $y_i{}'$, die auf Grund der Regressionsfunktion bestimmt werden. Bei linearer Regression werden sie aus der Regressionsfunktion $y_i{}' = a + b\,x_i$ berechnet. Die Summe der Abweichungsquadrate für die Gesamtvarianz ist durch folgende Beziehung gegeben:

$$\sum_{i=1}^{n} (y_i - \overline{y})^2 = \sum_{i=1}^{n} y_i{}^2 - \frac{1}{n} \Big(\sum_{i=1}^{n} y_i \Big)^2. \tag{108}$$

Andrerseits ist die Summe der Abweichungsquadrate für die durch die Regression bedingte Varianz durch die folgende Formel gekennzeichnet:

$$\sum_{i=1}^{n} (y_i{}' - \overline{y})^2.$$

Bei linearer Regression ist

$$y_i{}' = a + b\,x_i.$$

Diese Beziehung ist nun in die Formel für die durch die Regression bedingte Summe der Abweichungsquadrate einzusetzen. Es empfiehlt sich nun, diese Regressionsfunktion etwas abzuändern. Die Auflösung der ersten Normalgleichung

$$n\,a + b \sum_{i=1}^{n} x_i = \sum_{i=1}^{n} y_i$$

ergibt für den Parameter a den Wert

$$a = \frac{\sum_{i=1}^{n} y_i}{n} - b\,\frac{\sum_{i=1}^{n} x_i}{n} = \overline{y} - b\,\overline{x}.$$

Setzt man diesen Wert von a in die Beziehung $y_i' = a + b\,x_i$ ein, so folgt daraus:

$$y_i' = \overline{y} + b\,(x_i - \overline{x}).$$

Diese Beziehung wird nun in die Formel für die durch die Regression bedingte Summe der Abweichungsquadrate eingesetzt.

$$\sum_{i=1}^{n} (y_i' - \overline{y})^2 = \sum_{i=1}^{n} [\overline{y} + b\,(x_i - \overline{x}) - \overline{y}]^2 =$$

$$= \sum_{i=1}^{n} [b\,(x_i - \overline{x})]^2 =$$

$$= b^2 \sum_{i=1}^{n} (x_i - \overline{x})^2 =$$

$$= b^2 \left[\sum_{i=1}^{n} x_i^2 - \frac{1}{n} \left(\sum_{i=1}^{n} x_i \right)^2 \right].$$

Aus den Normalgleichungen folgt weiter:

$$b = \frac{n \sum_{i=1}^{n} x_i y_i - \sum_{i=1}^{n} x_i \sum_{i=1}^{n} y_i}{n \sum_{i=1}^{n} x_i - \left(\sum_{i=1}^{n} x_i \right)^2}.$$

Ersetzt man im oben erhaltenen Resultat einen b-Wert durch diesen Ausdruck, so ergibt sich:

$$\sum_{i=1}^{n} (y_i' - \overline{y})^2 = b\,\frac{n \sum_{i=1}^{n} x_i y_i - \sum_{i=1}^{n} x_i \sum_{i=1}^{n} y_i}{n \sum_{i=1}^{n} x_i^2 - \left(\sum_{i=1}^{n} x_i \right)^2} \left[\sum_{i=1}^{n} x_i^2 - \frac{1}{n} \left(\sum_{i=1}^{n} x_i \right)^2 \right] =$$

$$= b\,\frac{n \sum_{i=1}^{n} x_i y_i - \sum_{i=1}^{n} x_i \sum_{i=1}^{n} y_i}{n \sum_{i=1}^{n} x_i^2 - \left(\sum_{i=1}^{n} x_i \right)^2} \frac{1}{n} \left[n \sum_{i=1}^{n} x_i^2 - \left(\sum_{i=1}^{n} x_i \right)^2 \right] =$$

$$= b \left[\sum_{i=1}^{n} x_i y_i - \frac{1}{n} \sum_{i=1}^{n} x_i \sum_{i=1}^{n} y_i \right]. \tag{109}$$

Mit diesen Werten für die Summe der Abweichungsquadrate läßt sich nun das Schema der Streuungszerlegung für zwei Merkmale angeben.

Schema der Streuungszerlegung für 2 Merkmale

Varianz	Freiheitsgrade	Summe der Abweichungsquadrate
infolge Regression	1	$\sum\limits_{i=1}^{n} (y'_i - \overline{y})^2$
infolge Fehler ...	$n-2$	$\sum\limits_{i=1}^{n} (y_i - \overline{y})^2 - \sum\limits_{i=1}^{n} (y'_i - \overline{y})^2$
Insgesamt	$n-1$	$\sum\limits_{i=1}^{n} (y_i - \overline{y})^2$

Für die Summen der Abweichungsquadrate können nun die entsprechenden Beziehungen (Formeln 108 und 109) eingesetzt werden. Die Summe der Abweichungsquadrate für die Varianz infolge Fehlers (zufällige Abweichungen) kann dann als Differenz zwischen der Gesamtsumme und der durch die Regression verursachten Summe ermittelt werden.

Für mehrere unabhängige Variable (p unabhängige Variable) ergibt sich für die durch Regression verursachte Summe der Abweichungsquadrate die Beziehung:

$$\sum\limits_{j=1}^{p} \sum\limits_{i=1}^{n} (y'_{ij} - \overline{y}_i)^2 = \sum\limits_{j=1}^{p} b_j \left[\sum\limits_{i=1}^{n} x_{ij}\, y_i - \frac{1}{n} \sum\limits_{i=1}^{n} x_{ij} \sum\limits_{i=1}^{n} y_i \right].$$

Die Gesamtsumme der Abweichungsquadrate bleibt unverändert. Somit ergibt sich das folgende Schema.

Schema der Streuungszerlegung für p Merkmale

Varianz	Freiheitsgrade	Summe der Abweichungsquadrate
infolge Regression	p	$\sum\limits_{j=1}^{p} \sum\limits_{i=1}^{n} (y'_{ij} - \overline{y}_i)^2$
infolge Fehler ...	$n-p-1$	$\sum\limits_{i=1}^{n} (y_i - \overline{y})^2 - \sum\limits_{j=1}^{p} \sum\limits_{i=1}^{n} (y'_{ij} - \overline{y}_i)^2$
Insgesamt	$n-1$	$\sum\limits_{i=1}^{n} (y_i - \overline{y})^2$

Diese Werte sind nun für die Berechnung des *Mehrfach-Korrelationskoeffizienten* notwendig. Die Formel für diesen Parameter lautet nämlich:

$$R = \sqrt{\frac{\sum\limits_{j=1}^{p} \sum\limits_{i=1}^{n} (y'_{ij} - \overline{y}_i)^2}{\sum\limits_{i=1}^{n} (y_i - \overline{y})^2}}. \tag{110}$$

Der Mehrfach-Korrelationskoeffizient stellt den Korrelationskoeffizienten zwischen den gegebenen Merkmalswerten der abhängigen Variablen und den auf Grund der Regressionsbeziehung ermittelten Werten dar. Er schwankt zwischen 0 und 1. Den Wert 1 nimmt er dann an, wenn die beobachteten Werte mit den Regressionswerten übereinstimmen. Der Wert $100\,R^2$ wird als *Bestimmtheitskoeffizient* bezeichnet und kennzeichnet das prozentuale Ausmaß der auf die Regression bezogenen Abweichungen der abhängigen Veränderlichen.

Bei der *partiellen Korrelation* versucht man, den Einfluß anderer Variabler auf die stochastische Verbundenheit zwischen zwei betrachteten Merkmalen auszuschalten. So könnte es möglich sein, daß die beiden untersuchten Merkmale deshalb eine hohe Korrelation zeigen, weil sie gemeinsam durch andere Variable gleichsinnig beeinflußt werden.

Es seien p Merkmale $Y_1, Y_2, \ldots Y_p$ gegeben, von welchen man die Korrelation zwischen zwei Merkmalen, z. B. Y_1 und Y_2, untersuchen will, wobei aber der Einfluß der übrigen $(p-2)$ Merkmale ausgeschaltet werden soll. Die allgemeine Formel für den partiellen Korrelationskoeffizienten lautet:

$$r_{12.34\ldots n} = \frac{r_{12.34\ldots(n-1)} - r_{1n.34\ldots(n-1)}\, r_{2n.34\ldots(n-1)}}{\sqrt{(1 - r^2_{1n.34\ldots(n-1)})\,(1 - r^2_{2n.34\ldots(n-1)})}} \tag{111}$$

wo $r_{12.34\ldots n}$ den partiellen Korrelationskoeffizienten zwischen den Merkmalen Y_1 und Y_2 bedeutet, wobei die Merkmale $Y_3, Y_4, \ldots Y_n$ ausgeschaltet sind. Für insgesamt drei Merkmale $(p=3)$ ergibt sich daraus die Beziehung:

$$r_{12.3} = \frac{r_{12} - r_{13}\, r_{23}}{\sqrt{(1 - r^2_{13})\,(1 - r^2_{23})}} \tag{111 a}$$

oder allgemein:

$$r_{ij.k} = \frac{r_{ij} - r_{ik}\, r_{jk}}{\sqrt{(1 - r^2_{ik})\,(1 - r^2_{jk})}} \tag{111 b}$$

und für vier Merkmale $(p=4)$ die Formel:

$$r_{12.34} = \frac{r_{12.3} - r_{14.3}\, r_{24.3}}{\sqrt{(1 - r^2_{14.3})\,(1 - r^2_{24.3})}} \tag{111 c}$$

oder allgemein:

$$r_{ij.kh} = \frac{r_{ij.k} - r_{ih.k}\, r_{jh.k}}{\sqrt{(1 - r^2_{ih.k})\,(1 - r^2_{jh.k})}}. \tag{111 d}$$

Das Beispiel der Preisindizes für Eier und Fleisch soll durch die Preisindexzahlen für Brot und Gemüse ergänzt werden und hernach sollen einige partielle Korrelationskoeffizienten berechnet werden. Dabei ist zu bemerken, daß

$$r_{ij} = r_{ji}$$

ist.

Index der Nahrungsmittelpreise seit 1951 (August 1939 = 100)

Jahre	Eier Y_1	Fleisch Y_2	Brot Y_3	Gemüse Y_4
1951	206,3	201,6	161,3	149,7
1952	214,9	203,8	162,1	161,8
1953	213,2	197,1	163,2	174,8
1954	203,3	202,4	170,7	161,5
1955	205,5	208,8	171,1	174,7
1956	209,5	209,8	170,8	189,5
1957	204,4	213,3	170,2	185,2
1958	200,7	213,7	169,0	180,4
1959	189,9	216,2	167,4	174,6
1960	192,2	214,5	178,1	179,4
1961	195,7	216,0	181,7	190,6
1962	184,9	226,1	200,9	215,5
1963	195,0	234,2	200,7	250,6
1964	179,8	246,0	204,5	222,0
1965	193,8	253,5	207,7	234,0

Quelle: Statist. Jb. Schweiz, 1968; S. 353.

Zuerst sollen die partiellen Korrelationskoeffizienten $r_{ij.k}$ (Formel 111 b) ermittelt werden. Dazu benötigt man die einfachen Korrelationskoeffizienten r_{ij}, r_{ik} und r_{jk}, deren Berechnung auf S. 167 gezeigt worden ist. Die Ergebnisse sind nachfolgend zusammengestellt:

Korrelationskoeffizienten zwischen	bei Ausschaltung von	$r_{ij.k}$
Eier und Fleisch	Brot	−0,159
Eier und Fleisch	Gemüse	−0,567
Eier und Brot	Fleisch	−0,279
Eier und Brot	Gemüse	−0,666
Eier und Gemüse	Fleisch	0,166
Eier und Gemüse	Brot	0,397
Fleisch und Brot	Eier	0,837
Fleisch und Brot	Gemüse	0,642
Fleisch und Gemüse	Eier	0,808
Fleisch und Gemüse	Brot	0,157
Brot und Gemüse	Eier	0,896
Brot und Gemüse	Fleisch	0,598

Es zeigt sich also, daß die Korrelation zwischen dem Preisindex für Eier und den Indizes für Fleisch und Brot bei Ausschaltung der Einflüsse der übrigen Indizes negativ ist, bei allen anderen Korrelationen aber positiv. Hohe positive Werte erreicht sie bei den Fleisch- und Brotpreisindizes (unter Ausschluß des Einflusses der Eierpreisindizes) und bei den Fleisch- und Gemüsepreisindizes (bei Ausschaltung der Eierpreisindizes) sowie bei Brot- und Gemüsepreisindizes (bei ausgeschalteten Eierpreisindizes). Es könnten zwar noch weitere Ergebnisse herausgelesen werden, auf die hier aber verzichtet wird.

Die folgende Zusammenstellung zeigt die partiellen Korrelationskoeffizienten, wenn zwei Einflüsse ausgeschaltet werden (Formel 111 c).

Korrelationskoeffizienten zwischen	bei Ausschaltung von	$r_{ij.kh}$
Eier und Fleisch	Brot und Gemüse	−0,244
Eier und Brot	Fleisch und Gemüse	−0,478
Eier und Gemüse	Fleisch und Brot	0,432
Fleisch und Brot	Eier und Gemüse	0,432
Fleisch und Gemüse	Eier und Brot	0,239
Brot und Gemüse	Eier und Fleisch	0,682

Wiederum zeigt es sich, daß zwischen den Preisindexzahlen für Eier einerseits und Fleisch und Brot andrerseits eine gegenläufige Bewegung festzustellen ist. Den höchsten positiven Wert des partiellen Korrelationskoeffizienten finden wir bei den Preisindizes für Brot und Gemüse, wobei die Indizes für Eier und Fleisch ausgeschaltet sind.

Der partielle Korrelationskoeffizient dient also dazu, den Einfluß eines Merkmals auf ein anderes Merkmal zu messen, wobei jede lineare Beeinflussung anderer Merkmale, die diesen Einfluß trüben könnten, ausgeschaltet ist.

Ein besonderer Korrelationskoeffizient ist der *tetrachorische Korrelationskoeffizient*. Diese Maßzahl bezieht sich auf Vierfeldertafeln, d. h. auf Ereignisse, die in Alternativmerkmale aufgeteilt werden können. Die folgende Tabelle zeigt eine solche Vierfeldertafel.

Merkmal Y	Merkmal X		Summe
	A	α	
B	(AB)	(αB)	(B)
β	$(A\beta)$	$(\alpha\beta)$	(β)
Summe	(A)	(α)	N

Nimmt man die Mitte der Vierfeldertafel als Bezugspunkt und bestimmt man auf Grund dieser Annahme das arithmetische Mittel, so ergibt sich:

$$m_X = \frac{1}{N}\left[-\frac{1}{2}(AB) + \frac{1}{2}(\alpha B) - \frac{1}{2}(A\beta) + \frac{1}{2}(\alpha\beta)\right] =$$

$$= \frac{(\alpha) - (A)}{2N}$$

und

$$m_Y = \frac{1}{N}\left[-\frac{1}{2}(AB) + \frac{1}{2}(A\beta) - \frac{1}{2}(\alpha B) + \frac{1}{2}(\alpha\beta)\right] =$$

$$= \frac{(\beta) - (B)}{2N}.$$

Die Streuungen sind:

$$\sigma_X{}^2 = \left(\frac{1}{2}\right)^2 - m_X{}^2 = \left(\frac{1}{2}\right)^2 - \frac{[(\alpha)-(A)]^2}{4\,N^2} =$$

$$= \frac{N^2 - (\alpha)^2 + 2\,(A)\,(\alpha) - (A)^2}{4\,N^2} =$$

$$= \frac{(A)\,(\alpha)}{N^2}$$

und

$$\sigma_Y{}^2 = \left(\frac{1}{2}\right)^2 - m_Y{}^2 = \left(\frac{1}{2}\right)^2 - \frac{[(\beta)-(B)]^2}{4\,N^2} =$$

$$= \frac{(B)\,(\beta)}{N^2}.$$

Auf Grund dieser Ergebnisse läßt sich der tetrachorische Korrelationskoeffizient berechnen; er ist gleich:

$$r_T = \frac{N\,(A\,B) - (A)\,(B)}{\sqrt{(A)\,(\alpha)\,(B)\,(\beta)}}. \tag{112}$$

Diese Maßzahl ist gleich Eins, wenn $(A\,B) = (A) = (B)$. Dies ist aber dann gegeben, wenn $(\alpha\,B)$ und $(A\,\beta)$ gleich Null sind. Vergleicht man diese Maßzahl mit dem Assoziationskoeffizienten, so zeigt sich, daß dieser dann gleich Eins wird, wenn entweder $(A\,B) = (A)$ oder $(A\,B) = (B)$ ist. Hierin liegt ein Unterschied zwischen dem tetrachorischen Korrelationskoeffizienten und dem Assoziationskoeffizienten. Beide Parameter sind verschiedene Maßzahlen der Assoziation.

Bei Merkmalen, welchen keine eindeutigen Zahlenwerte beigegeben werden können, ist es nicht möglich, die Korrelation auf Grund der angeführten Methoden zu ermitteln. In solchen Fällen bestimmt man die *Rangfolge-Korrelation* (rank correlation). Die Elemente oder Merkmalsträger werden dabei in aufsteigender oder absteigender Reihenfolge des Merkmals geordnet, wobei die genauen zahlenmäßigen Werte des Merkmals nicht bekannt sein müssen, sondern lediglich die Lage der Elemente. Dies tritt beispielsweise dann ein, wenn das Merkmal durch Fähigkeiten gekennzeichnet ist. Man kann dann wohl sagen, ein Merkmalsträger ist fähiger als ein anderer, aber es ist nicht notwendig, diesen Fähigkeiten bestimmte genaue Zahlenwerte zuzuordnen.

Gegeben seien n Elemente, die auf Grund des Merkmals A die Rangfolge

$$x_1, x_2, \ldots x_n$$

und nach dem Merkmal B die Rangfolge

$$y_1, y_2, \ldots y_n$$

annehmen. Die Differenz zwischen den Rangfolgezahlen für die Merkmale A und B bei einem bestimmten Element j ist:

$$D_j = x_j - y_j.$$

Die Summe der Rangordnungszahlen von Element 1 bis Element n ist bekanntlich

$$\frac{n\,(n+1)}{2}$$

und das arithmetische Mittel ist

$$\frac{n+1}{2}$$

Beide Rangfolgen der Merkmalsträger haben die gleiche Summe und das gleiche arithmetische Mittel. Bezeichnet man die Differenz

$$x_j - \frac{n+1}{2} = d_{xj}$$

und

$$y_j - \frac{n+1}{2} = d_{yj}$$

so kann man mit diesen Werten den Korrelationskoeffizienten berechnen.

$$\varrho = \frac{\sum\limits_{j=1}^{n} d_{xj}\, d_{yj}}{\sqrt{\sum\limits_{j=1}^{n} d^2{}_{xj} \sum\limits_{j=1}^{n} d^2{}_{yj}}}$$

Die Werte d_{xj} und d_{yj} können nun eingesetzt werden. Es ist nämlich

$$\sum\limits_{j=1}^{n} d_{xj}\, d_{yj} = \sum\limits_{j=1}^{n} \left(x_j - \frac{n+1}{2} \right) \left(y_j - \frac{n+1}{1} \right) = \sum\limits_{j=1}^{n} x_j\, y_j - \frac{n\,(n+1)^2}{4}$$

denn es ist

$$\sum\limits_{i=1}^{n} x_j = \sum\limits_{j=1}^{n} y_j = \frac{n\,(n+1)}{2}.$$

Die Summe $\sum\limits_{j=1}^{n} x_j\, y_j$ kann aus der Beziehung

$$\sum\limits_{j=1}^{n} (x_j - y_j)^2 = \sum\limits_{j=1}^{n} D_j^2$$

12*

gewonnen werden; berücksichtigt man weiter, daß

$$\sum_{j=1}^{n} x_j{}^2 = \sum_{j=1}^{n} y_j{}^2 = \frac{1}{6}\, n\, (n+1)\, (2\, n+1)$$

ist, so ergibt sich

$$\sum_{j=1}^{n} x_j\, y_j = \frac{1}{6}\, n\, (n+1)\, (2\, n+1) - \frac{1}{2} \sum_{j=1}^{n} D_j{}^2.$$

Daraus folgt:

$$\sum_{j=1}^{n} d_{xj}\, d_{yj} = \frac{1}{6}\, n\, (n+1)\, (2\, n+1) - \frac{n\, (n+1)^2}{4} - \frac{1}{2} \sum_{j=1}^{n} D_j{}^2. \qquad (113\,\text{a})$$

Was den Nenner der Formel für ϱ betrifft, ist festzustellen, daß

$$\sqrt{\sum_{j=1}^{n} d^2{}_{xj} \sum_{j=1}^{n} d^2{}_{yj}} = \sqrt{\sum_{j=1}^{n} \left(x_j - \frac{n+1}{2}\right)^2 \sum_{j=1}^{n} \left(y_j - \frac{n+1}{2}\right)^2} =$$

$$= \frac{1}{6}\, n\, (n+1)\, (2\, n+1) - \frac{n\, (n+1)^2}{4}. \qquad (113\,\text{b})$$

Die Ergebnisse (113 a) und (113 b) führen zur folgenden Formel:

$$\varrho = 1 - \frac{6 \sum_{j=1}^{n} D_j{}^2}{n\, (n^2 - 1)}. \qquad (114)$$

Diese Maßzahl bezeichnet man als den *Rangordnungs-Korrelationskoeffizienten von Spearman*. Er schwankt zwischen $+1$ und -1. Sind alle Differenzen D_j gleich Null, so ist dieser Koeffizient gleich $+1$; sind diese Differenzen aber derart, daß die Rangordnungszahlen entgegengesetzt verlaufen, d. h. daß bei steigenden Rangordnungszahlen der einen Merkmalsreihe die Rangordnungszahlen der anderen Merkmalsreihe fallen, so ist $\varrho = -1$.

Ein Beispiel soll die praktische Berechnung dieser Maßzahlen aufzeigen. Die acht Universitäten in der Schweiz (Basel, Bern, Freiburg, Genf, Lausanne, Neuenburg, St. Gallen und Zürich) sind in der Rangfolge ihrer Studentenzahlen geordnet aufgetragen. Gleichzeitig ist für den entsprechenden Kanton die Rangfolge nach der Bevölkerungszahl gegeben[1]. Besteht zwischen diesen beiden Merkmalsreihen eine Korrelation?

Universitäten	Zürich	Genf	Bern	Basel	Lausanne (Waadt)	Freiburg	Neuenburg
Rangfolge nach Studentenzahl	1	2	3	4	5	6	7
Rangfolge nach Bevölkerung	1	4	2	5	3	6	7
Differenzen D_j	0	-2	1	-1	2	0	0
$D_j{}^2$	0	4	1	1	4	0	0

$$\sum_{j=1}^{n} D_j{}^2 = 10.$$

Damit ergibt sich

$$\varrho = 1 - \frac{6 \cdot 10}{48 \cdot 7} = 0,8214.$$

Der Rangordnungs-Korrelationskoeffizient nimmt also einen hohen positiven Wert an. Es besteht folglich eine gewisse positive (d. h. gleichsinnige) Verbundenheit zwischen der Größe der Universitäten (Anzahl Studenten) und der Bevölkerungszahl des betreffenden Kantons.

Es stellt sich nun die Frage nach der Varianz des Spearmanschen Korrelationskoeffizienten. Diese ist nun gleich:

$$\sigma_\varrho{}^2 = \frac{1}{(n \operatorname{Var} x)^2} E \left(\sum_{j=1}^{n} d_{xj}\, d_{yj} \right)^2$$

$$n \operatorname{Var} x = n \operatorname{Var} y = \sum_{j=1}^{n} x_j{}^2 - n\, m_x{}^2 = \sum_{j=1}^{n} y_j{}^2 - n\, m_y{}^2 =$$

$$= \frac{1}{6} n\, (n+1)\, (2n+1) - n \left(\frac{n+1}{2} \right)^2 =$$

$$= \frac{n^2\, (n-1)}{12}.$$

Daraus folgt weiter:

$$\sigma_\varrho{}^2 = \left(\frac{12}{n^2\, (n-1)} \right)^2 E \left(\sum_{j=1}^{n} d_{xj}\, d_{yj} \right)^2 =$$

$$= \left(\frac{12}{n^2\, (n-1)} \right)^2 \left[E \left(\sum_{j=1}^{n} d^2{}_{xj}\, d^2{}_{yj} \right) + E \left(\sum_{i,j=1}^{n} d_{xi}\, d_{xj}\, d_{yi}\, d_{yj} \right) \right]$$

$$i \neq j$$

---

[1] Statist. Jb. Schweiz, 1968; S. 13 und 459.

Hierin sind:

$$E \left(\sum_{j=1}^{n} d^2{}_{xj}\, d^2{}_{yj} \right) = n\, E\, (d^2{}_{xj})\, E\, (d^2{}_{yj}) = \frac{1}{n} \left(\sum_{j=1}^{n} d^2{}_{xj} \right)^2 =$$

$$= \frac{1}{n} \left[\frac{n^2\, (n-1)}{12} \right]^2,$$

$$E \left(\sum_{i,j=1}^{n} d_{xi}\, d_{xj}\, d_{yi}\, d_{yj} \right) = \frac{1}{n\,(n-1)} \left(\sum_{i,j=1}^{n} d_{xi}\, d_{xj} \right)^2 =$$

$$= \frac{1}{n\,(n-1)} \left[\frac{n^2\, (n-1)}{12} \right]^2.$$

Setzt man diese Beziehungen in die Formel für $\sigma_\varrho{}^2$ ein, so ergibt sich:

$$\sigma_\varrho{}^2 = \frac{1}{n} + \frac{1}{n\,(n-1)} = \frac{1}{n-1}. \tag{115}$$

Für das angeführte Beispiel ergibt sich folglich für die Streuung des Spearmanschen Rangordnungs-Korrelationskoeffizienten der Wert 0,1667.

Ein weiterer Rangordnungs-Korrelationskoeffizient ist der Parameter τ *von Kendall.* Zur Berechnung dieser Maßzahl geht man folgendermaßen vor. Die Elemente der ersten Merkmalsreihe werden in aufsteigender Reihenfolge geordnet. Dementsprechend ergeben sich bestimmte Rangordnungszahlen für die zweite Merkmalsreihe. Nun untersucht man, ob die Rangordnungszahlen der zweiten Merkmalsreihe der Reihe nach in der natürlichen (aufsteigenden) Reihenfolge aufeinanderfolgen. Dabei wird jeweils eine Rangordnungszahl mit allen anderen Rangordnungszahlen verglichen. Ist die natürliche Reihenfolge gewahrt, so wird diesem Vergleich die Zahl $+1$ zugeordnet; ist sie aber nicht gewahrt, so setzt man die Zahl -1. Hernach wird die algebraische Summe dieser Zahlen gebildet. Insgesamt ergeben sich also $(n-1)$ solche algebraische Summen, wenn n die Anzahl der Rangordnungszahlen bezeichnet. Diese Summen werden nun unter Berücksichtigung des Vorzeichens aufsummiert. Der auf diese Art erhaltene Wert wird nun mit der größtmöglichen Summe verglichen. Diese aber ist gleich:

$$S_m = \frac{n\,(n-1)}{2}.$$

Bezeichnet man die empirisch ermittelte Summe mit S_e, so ist KENDALLS τ gleich:

$$\tau = \frac{2\, S_e}{n\,(n-1)}. \tag{116}$$

Die Berechnung dieser Maßzahl soll auf Grund des angeführten Beispiels dargelegt werden.

Rangordnungszahlen

1. Merkmalsreihe: 1   2   3   4   5   6   7
2. Merkmalsreihe: 1   4   2   5   3   6   7

1. algebraische Summe:

Vergleich:	(1,4)	(1,2)	(1,5)	(1,3)	(1,6)	(1,7)		
Zahl:	+1	+1	+1	+1	+1	+1	=	+6

2. algebraische Summe:

Vergleich:	(4,2)	(4,5)	(4,3)	(4,6)	(4,7)		
Zahl:	−1	+1	−1	+1	+1	=	+1

3. algebraische Summe:

Vergleich:	(2,5)	(2,3)	(2,6)	(2,7)		
Zahl:	+1	+1	+1	+1	=	+4

4. algebraische Summe:

Vergleich:	(5,3)	(5,6)	(5,7)		
Zahl:	−1	+1	+1	=	+1

5. algebraische Summe:

Vergleich:	(3,6)	(3,7)		
Zahl:	+1	+1	=	+2

6. algebraische Summe:

Vergleich:	(6,7)		
Zahl:	+1	=	+1

Zusammen $\qquad\qquad\qquad\qquad\qquad\qquad\qquad\qquad\qquad$ +15

$$\tau = \frac{2 \cdot 15}{7 \cdot 6} = +0,7143$$

(verglichen mit $\varrho = +0,8214$).

Die Rechnung von S_c kann etwas vereinfacht werden, wenn man bei der zweiten Merkmalsreihe jeweils von der kleinsten Rangordnungszahl ausgeht und die Anzahl der Rangordnungszahlen rechts von ihr mit $+z_1$ und jene links von ihr mit $-z_2$ bezeichnet. Die Differenz $(z_1 - z_2)$ entspricht der algebraischen Summe. Hierauf wird die nächstgrößere Rangordnungszahl zugrunde gelegt und gleich vorgegangen, wobei aber die vorher zugrunde gelegte Rangordnungszahl nicht mehr berücksichtigt wird. In unserem Beispiel ergeben sich die folgenden Werte:

z_1	z_2	Differenz
6	0	+6
4	1	+3
2	2	0
3	0	+3
2	0	+2
1	0	+1
Zusammen		$+15 = S_c$

Der Wertebereich, innerhalb welchem sich KENDALLS τ bewegen kann, liegt zwischen -1 und $+1$. Dieser Parameter ist gleich $+1$, wenn eine vollständige Übereinstimmung der Rangordnungszahlen der beiden Merkmalsreihen besteht. Er ist -1, wenn die Rangordnungszahlen der einen Merkmalsreihe entgegengesetzt den Merkmalswerten der anderen Merkmalsreihe verlaufen.

Der Parameter τ hat gegenüber der Maßzahl ϱ den Vorteil, daß die Verteilung von τ mit zunehmendem n gegen eine Normalverteilung strebt. Schon für verhältnismäßig kleine Werte von n ($n \geq 10$) kann die Verteilung von τ praktisch als normalverteilt angenommen werden.

Eine vor allem in der Naturwissenschaft (vor allem Biologie) verwendete Maßzahl ist der *„intra-class"-Korrelationskoeffizient*. Er dient beispielsweise zur Kennzeichnung der stochastischen Verbundenheit von Merkmalswerten, die zu Klassen zusammengefaßt sind, wobei nach dem Ausmaß der Korrelation zwischen diesen Klassen gefragt wird. So soll angenommen werden, daß jede der n Klassen k Elemente enthält, deren Merkmalswerte nachfolgend aufgezeichnet sind.

Klassen	Elemente					
	1	2	....	j	.....	k
1	x_{11}	x_{12}	....	x_{1j}	.....	x_{1k}
2	x_{21}	x_{22}	....	x_{2j}	.....	x_{2k}
.....	....	....	....	....	....	....
i	x_{i1}	x_{i2}	.....	x_{ij}	.....	x_{ik}
.....	....	....	....	....	....	....
n	x_{n1}	x_{n2}	.....	x_{nj}	.....	x_{nk}

Das arithmetische Mittel aller Merkmalswerte ist

$$\bar{x} = \frac{1}{nk} \sum_{i=1}^{n} \sum_{j=1}^{k} x_{ij}.$$

Weiter stellt sich die Streuung der einzelnen Merkmalswerte um dieses arithmetische Mittel auf

$$\sigma^2 = \frac{1}{nk} \sum_{i=1}^{n} \sum_{j=1}^{k} (x_{ij} - \bar{x})^2.$$

Der Korrelationskoeffizient kann nun auf Grund der folgenden Formel berechnet werden:

$$r = \frac{\sum_{i=1}^{n} \sum_{j=1}^{k} (x_{ij} - \bar{x})(x_{im} - \bar{x})}{\sigma^2 \, nk \, (k-1)}. \tag{117}$$

Diese Beziehung folgt aus den Formeln (105) und (106), wobei aber zu bemerken ist, daß

$$\sigma_x = \sigma_y = \sigma$$

ist und daß in jeder der n Klassen insgesamt $k\,(k-1)$ Verbindungen von Merkmalswerten möglich sind, insgesamt also $n\,k\,(k-1)$ Verbindungen. Für drei Merkmalswerte in einer Klasse ergeben sich folglich die $3 \cdot 2 = 6$ Verbindungen:

$$x_{i1}\,x_{i2},\quad x_{i1}\,x_{i3},\quad x_{i2}\,x_{i1},\quad x_{i2}\,x_{i3},\quad x_{i3}\,x_{i1},\quad x_{i3}\,x_{i2}.$$

Die Beziehung (117) kann nun etwas vereinfacht werden. Für den ersten Merkmalswert x_{11} ist der Zähler dieser Formel gleich:

$$(x_{11} - \bar{x})\,(x_{12} - \bar{x}) + (x_{11} - \bar{x})\,(x_{13} - \bar{x}) + \ldots + (x_{11} - \bar{x})\,(x_{1k} - \bar{x}) =$$
$$= (x_{11} - \bar{x})\,[(x_{12} - \bar{x}) + (x_{13} - \bar{x}) + \ldots + (x_{1k} - \bar{x})] =$$
$$= (x_{11} - \bar{x})\,[x_{12} + x_{13} + \ldots + x_{1k} - (k-1)\,\bar{x}].$$

Setzt man nun für das arithmetische Mittel in der ersten Klasse

$$\bar{x}_1 = \frac{1}{k} \sum_{j=1}^{k} x_{1j}$$

so kann die obige Beziehung auch folgendermaßen geschrieben werden:

$$(x_{11} - \bar{x})\,[k\,\bar{x}_1 - x_{11} - (k-1)\,\bar{x}] =$$
$$= (x_{11} - \bar{x})\,[k\,(\bar{x}_1 - \bar{x}) - (x_{11} - \bar{x})] =$$
$$= k\,(x_{11} - \bar{x})\,(\bar{x}_1 - \bar{x}) - (x_{11} - \bar{x})^2.$$

Diese Beziehung gilt für den ersten Merkmalswert x_{11}; insgesamt ergeben sich also $n\,k$ solche Beziehungen, nämlich für jeden Merkmalswert eine.

Die Formel des Korrelationskoeffizienten nimmt nun folgende Form an:

$$r = \frac{1}{\sigma^2\,n\,k\,(k-1)} \left[k \sum_{i=1}^{n} \sum_{j=1}^{k} (x_{ij} - \bar{x})\,(x_{i.} - \bar{x}) - \sum_{i=1}^{n} \sum_{j=1}^{k} (x_{ij} - \bar{x})^2 \right].$$

In dieser Beziehung sind:

$$\sum_{i=1}^{n} \sum_{j=1}^{k} (x_{ij} - \bar{x})^2 = \sigma^2\,n\,k$$

und

$$k \sum_{i=1}^{n} \sum_{j=1}^{k} (x_{ij} - \bar{x})\,(\bar{x}_{i.} - \bar{x}) = k \sum_{i=1}^{n} k\,(\bar{x}_{i.} - \bar{x})\,(x_{i.} - \bar{x}) =$$
$$= k^2 \sum_{i=1}^{n} (\bar{x}_{i.} - \bar{x})^2.$$

Es ergibt sich folglich für den Korrelationskoeffizienten die folgende Beziehung:

$$r = \frac{1}{\sigma^2 n k (k-1)} \left[k^2 \sum_{i=1}^{n} (x_i. - \overline{x})^2 - \sigma^2 n k \right].$$

Die Quadratsumme

$$\sum_{i=1}^{n} (x_i. - \overline{x})^2$$

ist Bestandteil der Streuung aller Klassenmittelwerte um den Mittelwert der Gesamtheit. Bezeichnet man diese Streuung mit σ_{KL}^2, so erhält man:

$$k^2 \sum_{i=1}^{n} (x_j. - \overline{x})^2 = k^2 n \sigma_{KL}^2.$$

Für den Korrelationskoeffizienten ergibt sich daraus der Wert:

$$r = \frac{k^2 n \sigma_{KL}^2 - \sigma^2 n k}{\sigma^2 n k (k-1)}$$

oder gekürzt:

$$r = \frac{k \sigma_{KL}^2 - \sigma^2}{\sigma^2 (k-1)}. \qquad (118)$$

Aus dieser Beziehung für den „intra-class"-Korrelationskoeffizienten leitet sich durch Umformung die folgende Beziehung ab:

$$r \sigma^2 (k-1) + \sigma^2 = k \sigma_{KL}.$$

Nun ist aber $k \sigma_{KL}^2 \geqq 0$, d. h. also

$$r \sigma^2 (k-1) + \sigma^2 \geqq 0$$
$$r (k-1) + 1 \geqq 0$$

und

$$r \geqq - \frac{1}{k-1}. \qquad (119)$$

Dies besagt, daß der „intra-class"-Korrelationskoeffizient gleich oder größer sein muß als

$$- \frac{1}{k-1}$$

im Gegensatz zum gewöhnlichen Korrelationskoeffizienten, der bekanntlich zwischen -1 und $+1$ schwanken kann. Ist $n = 1$, d. h. besteht nur eine Klasse, so wird $\sigma_{KL}{}^2 = 0$, und es ergibt sich aus der Formel (118) der Wert

$$r = -\frac{1}{k-1}.$$

Ist die Anzahl der Merkmalswerte in den einzelnen Klassen von Klasse zu Klasse verschieden, so ergibt sich die allgemeine Beziehung

$$r = \frac{\sum\limits_{i=1}^{n}\left[k_i{}^2\,(\bar{x}_{i.} - \bar{x})^2\right] - \sum\limits_{i=1}^{n}\sum\limits_{j=1}^{k_i}(x_{ij} - \bar{x})^2}{N\sigma^2} \tag{120}$$

wo $N = \sum\limits_{i=1}^{n} k_i\,(k_i - 1)$ die Gesamtzahl der Merkmalswerte in der Klasse i bezeichnet.

Der Rechengang zur Bestimmung des „intra-class"-Korrelationskoeffizienten soll an Hand eines Beispiels dargelegt werden. Es seien die folgenden Merkmalswerte gegeben:

n	k			Summe	$\bar{x}_{i.}$	$\bar{x}$
	1	2	3			
1	170	172	174	516	172	
2	180	179	163	522	174	
Summe				1 038		173

$$n\,k\,\sigma^2 = \sum\limits_{i=1}^{2}\sum\limits_{j=1}^{3}(x_{ij} - \bar{x})^2 = 196 \qquad \sigma^2 = 32{,}67$$

$$n\,\sigma_{KL}{}^2 = \sum\limits_{i=1}^{2}(\bar{x}_{i.} - \bar{x})^2 = 2 \qquad \sigma_{KL}{}^2 = 1$$

$$r = \frac{3 - 32{,}67}{32{,}67 \cdot 2} = -0{,}454$$

$$(r \geqq -0{,}5).$$

3.7. Indexzahlen

Während der „intra-class"-Korrelationskoeffizient vor allem auf naturwissenschaftlichem Gebiete verwendet wird, gibt es demgegenüber statistische Parameter, die vor allem bei volks- und betriebswirtschaftlichen sowie demographischen (bevölkerungsstatistischen) Problemen eingesetzt werden. Es handelt sich vor allem um Relativzahlen, d. h. Zahlenwerte, die auf andere bezogen werden. Je nachdem, welches die Bezugs-größe ist, unterscheidet man *Gliederungszahlen,* bei welchen eine Teil-menge auf die entsprechende Gesamtmenge bezogen wird, *Beziehungszah-len,* bei welchen bestimmte Mengen zueinander ins Verhältnis gesetzt wer-den, sowie *Meßzahlen* oder *Indexziffern.* Von einer Gliederungszahl spricht man folglich dann, wenn beispielsweise die Anzahl der an einer bestimm-ten Krankheit gestorbenen Personen auf die Gesamtzahl der Gestorbenen bezogen wird. Eine Beziehungszahl hingegen besteht dann, wenn beispiels-weise die Anzahl der Gestorbenen an tausend Personen der mittleren Wohnbevölkerung gemessen werden; in diesem Falle spricht man von einer *rohen Sterbeziffer.* Diese wird aber durch den Altersaufbau beein-flußt. Schaltet man diesen Einfluß aus, so ergeben sich die *alters-spezifi-schen Sterbeziffern,* indem die Anzahl der Gestorbenen eines bestimmten Alters zu tausend Personen der mittleren Wohnbevölkerung des gleichen Alters ins Verhältnis gesetzt wird. In ähnlicher Weise erhält man die *Geburtenziffern,* wo statt der Anzahl der Gestorbenen die Anzahl der Geborenen zugrunde gelegt wird, die *Fruchtbarkeitsziffern,* d. h. die Geburtenzahl bezüglich der Anzahl der im gebärfähigen Alter stehenden Frauen, die *Reproduktionsziffern,* d. h. die durchschnittliche Anzahl Geburten einer Frau, die *Bruttoreproduktionsziffern,* d. h. die durch-schnittliche Anzahl Mädchengeburten einer Frau, usw.

Während die angeführten Gliederungs- und Beziehungszahlen in der Demographie oder Bevölkerungsstatistik wichtige Maßzahlen darstellen, dienen Indexziffern auch dazu, wichtige Maßzahlen der Wirtschaftsstati-stik zu bilden. Indexziffern wurden schon sehr früh für bestimmte wirt-schaftliche Probleme errechnet. So hat schon im Jahre 1764 der Italiener GIAN RINALDO CARLI Indexziffern für bestimmte wirtschaftliche Probleme entwickelt. Er wollte nämlich den Einfluß der Entdeckung Amerikas auf das Preisniveau und daraus abgeleitet auf den Geldwert[1] bestimmen. Zu diesem Zwecke hat er das arithmetische Mittel der Verhältnisse der Preise für die Jahre 1750 und 1400 für Weizen, Wein und Öl berechnet.

Doch erst zwischen 1850 und 1900 erhielt die Verwendung von Index-ziffern erneut Auftrieb. Es wurde damals der Messung der Preisverände-rungen durch Indexziffern vermehrte Bedeutung beigemessen. Erwähnens-werte Verfechter dieser Richtung sind vor allem JEVONS, SAUERBECK, WALSH in Großbritannien, WESTERGAARD in Dänemark, PANTALEONI in Italien und PAASCHE und LASPEYRES in Deutschland.

Interessierten sich damals vor allem Volkswirtschafter um dieses Pro-blem, so wurden zwischen 1900 und 1925 auch Statistiker darauf auf-merksam. In dieser Zeit stand vor allem das Problem der geeignetsten Indexformel im Vordergrund. Erwähnenswerte Namen aus dieser Zeit

---

[1] Der Geldwert wird als der reziproke Wert des Preisniveaus definiert.

sind Yule, Mitchell, Bowley, Edgeworth, March, Irving Fisher, Gini, von Bortkiewicz.

In der Zeit zwischen 1925 und 1945 entwickelte sich eine wirtschaftliche Theorie der Indexziffern. Diese wurde vor allem durch Haberler, Olivier, Julien, Flaskämper, Keynes, Staehle, Wald, Konüs, Schultz, Mudgett, Ragnar Frisch, Divisia, Gini, Törnquist und Roy ausgearbeitet.

Die jüngste Entwicklung seit 1945 gilt der Abklärung von Problemen aus Randgebieten der Index-Lehre, so vor allem dem Problem der Aggregation. Hier sind vor allem die Statistiker Wold, Ulmer, von Hofsten und Theil zu erwähnen. Grundsätzlich sind zwei Blickpunkte zu unterscheiden, nämlich die atomistische und die funktionale Betrachtungsweise. Bei der atomistischen Betrachtungsweise steht die rein zahlenmäßige Betrachtung im Vordergrund. Bei der funktionalen Betrachtungsweise aber werden die wirtschaftlichen Zusammenhänge in den Vordergrund gerückt.

Die Indexziffern haben sich ihrer Entwicklung gemäß vor allem bei der Messung von Preisbewegungen als sehr nützlich erwiesen. Heute werden Indexziffern vor allem zur Messung der Preisbewegungen (z. B. Index der Konsumentenpreise, Klein- und Großhandelsindex), zur Darstellung der Baukostenentwicklung (Baukostenindex), im Bankwesen (Aktien- und Obligationenindex) verwendet. Was versteht man im einzelnen unter einer Indexziffer?

Ganz allgemein spricht man von Indexziffern, wenn ein Merkmalswert auf einen anderen gleich Hundert gesetzten Merkmalswert bezogen wird. Bei Preisindexzahlen beispielsweise werden Preise bestimmter Waren in einem bestimmten Zeitpunkt (Beobachtungszeitpunkt) auf die Preise der gleichen Waren in einem früheren Zeitpunkt (Basiszeitpunkt), der gleich Hundert gesetzt ist, bezogen. Solche Indexziffern bezeichnet man als einfache Indexziffern. Daneben aber sind komplizierter aufgebaute Indexziffern zu unterscheiden.

Zu solchen wird man zwangsläufig geführt, wenn beispielsweise neben den Preisen auch Mengen berücksichtigt werden. Hier ist allerdings zu unterscheiden, ob die Preis- oder die Mengenentwicklung beobachtet werden soll. Wird die Preisentwicklung verfolgt, muß man die Mengen unverändert belassen; sollen aber die Mengenveränderungen festgehalten werden, müssen die Preise gleich belassen werden. Indizes, die Preisentwicklungen aufzeigen, nennt man *Preisindizes;* Indizes, die demgegenüber die Mengenentwicklung angeben, bezeichnet man als *Mengenindizes.*

Damit ist aber die Problematik noch nicht erschöpft. Es muß noch entschieden werden, ob beispielsweise bei einem Preisindex die Mengen des Beobachtungs- oder aber die des Basiszeitpunktes zugrunde gelegt werden sollen. Für diese Fälle sind besondere Indexformeln eingeführt worden. Bezeichnet man mit p_1 den Preis im Beobachtungszeitpunkt 1, mit p_0 den Preis im Basiszeitpunkt und mit q_1 die entsprechende Menge im

Beobachtungszeitpunkt, mit q_0 diese Menge im Basiszeitpunkt, so können die folgenden Indexformeln aufgestellt werden:

$$J_P = \frac{\sum_{i=1}^{n} p_{1i}\, q_{1i}}{\sum_{i=1}^{n} p_{0i}\, q_{1i}} \qquad (121)$$

und

$$J_L = \frac{\sum_{i=1}^{n} p_{1i}\, q_{0i}}{\sum_{i=1}^{n} p_{0i}\, q_{0i}}. \qquad (122)$$

Die erste Formel (121) wird die *Indexformel von Paasche,* die zweite Formel (122) die *Indexformel von Laspeyres* genannt. Beide Formeln sind Preisindexformeln. Sie geben das Verhältnis der Summen der Produkte aus Preis und Menge für n Waren an. Von diesen beiden Formeln hat sich vor allem die Indexformel von LASPEYRES eingebürgert. Sie dient zur Bestimmung des Indexes der Konsumentenpreise (früher Lebenskostenindex genannt). Hier werden bestimmte Mengen für die einzelnen in Betracht gezogenen Waren ermittelt. Diese beruhen auf den Konsumgewohnheiten einer Standardfamilie. Die Konsumgewohnheiten werden durch Haushaltungsrechnungen festgestellt. Darunter versteht man die täglichen Angaben über Einnahmen und Ausgaben mehrerer ausgewählter Standardfamilien. Die am Index der Konsumentenpreise interessierten Wirtschaftskreise befinden darüber, welche Bedarfsgruppen (Nahrung, Bekleidung, Miete usw.) zugrunde gelegt werden sollen, wie sie sich zusammensetzen und welche Gewichte, d. h. Bedeutung im Rahmen der Gesamtausgaben ihnen zugeordnet werden sollen. Diese Angaben werden für einen Basiszeitpunkt festgelegt. Hernach werden durch Preiserhebungen die Preise der im Index berücksichtigten Waren (Warenkorb) erhoben und im Index verarbeitet. Dieser Index der Konsumentenpreise gibt Aufschluß über Bewegungen des Preisniveaus. Er wird deshalb auch bei der Festsetzung von Lohnerhöhungen (Teuerungsanpassungen) herangezogen.

Es zeigt sich aber, daß weder der Index von PAASCHE noch der von LASPEYRES die zu untersuchenden Bewegungen genau wiedergeben. Deshalb hat IRVING FISHER einen Kompromiß vorgeschlagen, indem er aus diesen beiden Indizes das geometrische Mittel gebildet hat. Er nannte seine neue Indexformel die Idealformel; sie lautet:

$$J_F = \sqrt{J_P J_L}. \qquad (123)$$

Irving Fisher wurde zu dieser Formel geführt, weil er bestimmte Bedingungen aufgestellt hat, welchen Indexziffern seiner Ansicht nach genügen müßten. So hat er bestimmte Tests aufgeführt. Der eine dieser Tests, der *Waren-Umkehrtest,* besagt, daß eine Änderung in der Reihenfolge der betrachteten Waren die Indexziffer nicht beeinflussen soll. Nach dem *Zeit-Umkehrtest* beeinflußt die Vertauschung der zeitlichen Bezugspunkte (Basis- und Beobachtungszeitpunkt) den Aussagewert der Indexziffer nicht. Verdoppelt sich beispielsweise die Indexziffer vom Basis- zum Beobachtungszeitpunkt, so sollte sie sich halbieren, wenn man Basis- und Beobachtungszeitpunkt vertauscht. Der *Faktoren-Umkehrtest* sagt aus, daß die Indexziffer nicht verändert wird, wenn Preis und Menge miteinander vertauscht werden. Weiter hat Irving Fisher einen zusätzlichen Test, den *Ring-Test,* formuliert. Dieser Test kann folgendermaßen beschrieben werden. Bezieht sich ein Index im Beobachtungszeitpunkt b auf den Basiszeitpunkt a und für den Zeitpunkt b auf den Basiszeitpunkt c, so soll sich nach diesem Test das gleiche Ergebnis einstellen, wie wenn man den Index für den Zeitpunkt a direkt auf den Basiszeitpunkt c bezogen hätte, ohne den Zeitpunkt b dazwischen zu stellen.

Irving Fisher beurteilt nun eine Reihe von Indexformeln auf Grund dieser Tests und kommt zum Schluß, daß seine Idealformel am besten diesen Bedingungen gerecht wird. Es zeigt sich, daß der Ring-Test vor allem dann erfüllt wird, wenn die Gewichte in der Indexformel (z. B. die Mengen) nicht allzu großen Schwankungen unterworfen sind.

Die Indexziffern eignen sich vor allem für zeitliche Vergleiche. Bei räumlichen Vergleichen hingegen ist Vorsicht am Platze. So kann durch den Index des Konsumentenpreises wohl die zeitliche Entwicklung der Preisveränderungen aufgezeigt werden. Der Vergleich dieses Indexes zwischen verschiedenen Ländern hingegen dürfte kaum schlüssige Ergebnisse liefern.

Literaturverzeichnis

1. Geschichte, Wesen und Begriff der Statistik

(1) ANTONIBON, F.: Le Relazioni a Stampa di Ambasciatori Veneti (Padua 1939).

(2) BOTERO, GIOVANNI: Relazioni Universali (1593 ohne Ort).

(3) FONTANA, GREGORIO: Dissertazione sul Computo dell'Errore probabile nelle Speculazioni ed Osservazioni (Pavia 1871).

(4) GIOIA, MELCHIORRE: La Filosofia della Statistica (Mailand 1826).

(5) Lucas-Evangelium, 2, 1—3.

(6) Res gestae Divi Augusti; VIII, 2—4.

(7) REUMONT, A.: Della Diplomazia Italiana dal Secolo XIII al XVI (Florenz 1857).

(8) ROMAGNOSI, GIAN DOMENICO: Questioni sull'Ordinamento delle Statistiche Civili (Mailand 1845).

(9) SANSOVINO, FRANCESCO MARIA: Del Governo et Amministrazione di diversi Regni et Repubbliche così antiche come moderne (Venedig 1567).

(10) TERRY, M. F.: The Principles of Statistical Analysis using large Electronic Computers (Bull. Inst. Int. Statist., Vol. XL, Tome 1, 1963, S. 547—552).

(11) TOALDO, GIUSEPPE: Tavole di Mortalità composte da S. Giuseppe Toaldo (Padua 1787).

(12) C. Suetoni Tranquilli opus De Vita Caesarum, libri VIII, Divus Augustus, cap. 40, 2.

2. Grundlagen der Statistik

(13) BELLMAN, RICHARD: Introduction to Matrix Analysis (New York 1960).

(14) BARBERI, BENEDETTO: Appunti di Statistica Economica (Rom 1957).

(15) BILLETER, ERNST P.: Der praktische Einsatz von Datenverarbeitungssystemen (3. Aufl., Wien—New York 1968).

(16) BOLDRINI, MARCELLO: Statistica. Teoria e Metodi (Mailand 1942).

(17) CHAKRAVARTI, J. M., R. G. LAHA, and J. ROY: Handbook of Methods of Applied Statistics, Bd. 1: Techniques of Computation, descriptive Methods, and Statistical Inference (New York 1967), Bd. 2: Planning of Surveys and Experiments (New York 1967).

(18) CRAMÉR, HARALD: Mathematical Methods in Statistics (Princeton 1946).

(19) EKEBLAD, FREDERICK A.: The Statistical Method in Business (New York 1962).

(20) FELLER, WILLIAM: An Introduction to Probability Theory and its Applications, Bd. 1 (3. Aufl., New York 1968), Bd. 2 (New York 1966).

(21) FERGUSON, THOMAS S.: Mathematical Statistics. A Decision Theoretic Approach (New York 1967).

(22) FISHER, R. A.: The Logic of Inductive Inference (J. Roy. Statist. Soc., Vol. XCVIII, Pt. I, 1935, S. 39—54).

(23) FISHER, R. A.: Theory of Statistical Estimation (Proc. Camb. Phil. Soc., Vol. 22, S. 700—725).

(24) GNEDENKO, B. W.: Lehrbuch der Wahrscheinlichkeitsrechnung (Berlin 1965).

(25) GOLDBERG, S.: Die Wahrscheinlichkeit. Eine Einführung in Wahrscheinlichkeitsrechnung und Statistik (Braunschweig 1964).

(26) HARTLEY, R. V.: Transmission of Information (Bell Syst. Tech. J., Vol. 7, 1928, S. 535—563).

(27) KENDALL, MAURICE G.: The Advanced Theory of Statistics, Bd. 1 (2. Aufl., London 1945), Bd. 2 (London 1946).

(28) KULLBACK, SOLOMON: Information Theory and Statistics (New York 1959).

(29) LINDER, ARTHUR: Statistische Methoden für Naturwissenschafter, Mediziner und Ingenieure (3. Aufl., Basel 1960).

(30) RIORDAN, JOHN: An Introduction to Combinatorial Analysis (New York 1958).

(31) THORP, EDWARD O.: Elementary Probability (New York 1966).

(32) WILKS, SAMUEL: Mathematical Statistics (New York 1962).

(33) YAGLOM, A. M., et J. M. YAGLOM: Probabilité et Information (Paris 1959).

(34) YULE, G. UDNY, and MAURICE G. KENDALL: An Introduction to the Theory of Statistics (14. Aufl., London 1958).

3. Statistische Methodologie

(35) BANERJEE, K. S.: Best Linear Unbiased Index Numbers and Index Numbers Obtained through a Factorial Approach (Econometrica, Vol. 31, No. 4, Oktober 1963, S. 712—718).

(36) BANERJEE, K. S.: A Factorial Approach to Construction of True Cost of Living Indexes and its Application in Studies of Changes in National Income (Sankhia, Series A, Vol. 23, P. 5, 3, 1961, S. 297—304).

(37) BANERJEE, K. S.: A Unified Statistical Approach to the Index Number Problem (Econometrica, Vol. 29, No. 4, Oktober 1961, S. 591—601).

(38) BORTKIEWICZ, L. VON: Das Gesetz der Kleinen Zahl (Leipzig 1898).

(39) BURR, IRVING W.: Cumulative Frequency Functions (Ann. Math. Statist., Vol. 13, 1942, S. 215—232).

(40) BURR, IRVING W., and PETER J. CISLAK: On a General System of Distributions. I. Its Curve-shape Characteristics. II. The Sample Median (J. Amer. Statist. Ass., Vol. 63, No. 322, Juni 1968, S. 627—635).

(41) BURR, IRVING W.: On a General System of Distributions. III. The Sample Range (J. Amer. Statist. Ass., Vol. 63, No. 322, Juni 1968, S. 636—643).

(42) CHISINI, O.: Sul Concetto di Media (Periodico di Matematica, 1929).

(43) Dubey, Satya D.: A Compound Weibull Distribution (Nav. Res. Logist. Quart., Vol. 15, No. 2, Juni 1968, S. 179—188).

(44) Fisher, Irving: The Making of Index Numbers (Boston 1922).

(45) Gini, Corrado: Quelques Considérations au Sujet de la Construction des Nombres Indices (Metron, Vol. 4, 1924, S. 3 ff.).

(46) Graf, U., H.-J. Henning und K. Stange: Formeln und Tabellen der mathematischen Statistik (2. Aufl., Berlin—Heidelberg—New York 1966).

(47) Kloek, T., and C. M. De Wit: Best Linear and Best Linear Unbiased Index Numbers (Econometrica, Vol. 29, No. 4, Oktober 1961, S. 602—616).

(48) Martinotti, P.: Di alcune recenti Medie (Acta Pontif. Acad. Sci., Vol. V, 1941).

(49) Messedaglia, Angelo: Il Calcolo dei Valori Medi e le sue Applicazioni statistiche (Biblioteca dello Economista, Serie V, Vol. 19, 1908).

(50) Theil, H.: Best Linear Index Numbers of Prices and Quantities (Econometrica, Vol. 28, No. 2, April 1960, S. 464—480).

(51) Thiele, T. N.: Theory of Observations (London 1903, und Ann. Math. Statist., Vol. 2, 1931, S. 165 ff.).

(52) Thorelli, Hans B., and William G. Himmelbauer: Executive Salaries: Analysis of Dispersion Patterns (Metron, Vol. XXVI, 1967, S. 114—149).

(53) Schorer, H.: Statistik. Grundlegung und Einführung in die statistische Methode (Bern 1946).

(54) Stuvel, C.: A New Index Number Formula (Econometrica, Vol. 25, No. 1, Januar 1957, S. 123—131).

(55) Vergottini, M. de, P. Battara, V. Amato e R. Mogno: Studi sulle Relazioni Statistiche (Studi e Monografie Soc. Ital. Econ. Demograf. e Statist., No. 6, Rom 1952/53.

(56) Weibull, Waloddi: Efficient Methods for Estimating Fatigue Life Distributions of Roller Bearings (Proc. Symp. on Rolling Contact Phenomena, General Motors Corp., 1960, S. 252—265).

Sachverzeichnis